黄河上游宁蒙河段水沙变化及河道的响应

董占地 著

U0382428

中国水利水电出版社
www.waterpub.com.cn
·北京·

内 容 提 要

本书以黄河上游宁蒙河段为主要研究对象,总结了宁蒙河段河道概况及主要存在的问题,系统分析了自 20 世纪 50 年代以来宁蒙河段的来水来沙变化特点和河道淤积萎缩特征。以此为切入点,综合研究揭示了水沙过程变异条件下宁蒙河段河道产生"小水大灾"的机理,建立了水沙过程变化与河道特征值的响应关系,并对宁蒙河段河道凌情特征及变化进行了深入分析,得到了其与河槽过流能力的相关关系。在综合上述分析的基础上,从防洪安全、防凌安全和高效输沙等三个方面的需求角度,提出了目前宁蒙河段较为适宜的中水河槽规模。

本书可供从事泥沙运动力学、河床演变与河道整治、水土保持、防洪减灾、黄河治理等方面研究的科技人员及高等院校有关专业的师生参考。

图书在版编目(CIP)数据

黄河上游宁蒙河段水沙变化及河道的响应 / 董占地著. -- 北京 : 中国水利水电出版社,2017.10
ISBN 978-7-5170-5930-1

Ⅰ. ①黄… Ⅱ. ①董… Ⅲ. ①黄河—上游—含沙水流—变化—研究②黄河—上游—河道整治—研究 Ⅳ. ①TV152②TV882.1

中国版本图书馆CIP数据核字(2017)第244721号

书 名	**黄河上游宁蒙河段水沙变化及河道的响应** HUANG HE SHANGYOU NING MENG HEDUAN SHUISHA BIANHUA JI HEDAO DE XIANGYING	
作 者	董占地 著	
出版发行	中国水利水电出版社 (北京市海淀区玉渊潭南路 1 号 D 座 100038) 网址:www. waterpub. com. cn E-mail:sales@waterpub. com. cn 电话:(010) 68367658(营销中心)	
经 售	北京科水图书销售中心(零售) 电话:(010) 88383994、63202643、68545874 全国各地新华书店和相关出版物销售网点	
排 版	中国水利水电出版社微机排版中心	
印 刷	北京瑞斯通印务发展有限公司	
规 格	184mm×260mm 16 开本 9 印张 213 千字	
版 次	2017 年 10 月第 1 版 2017 年 10 月第 1 次印刷	
印 数	0001—1000 册	
定 价	**56.00 元**	

前 言 Preface

　　黄河是我国的第二大河流，源远流长；黄河也是闻名于世的多沙河流，是世界上最难治理的河流之一。黄河流域在我国社会经济的可持续发展中占有举足轻重的地位，在流域内居住着全国 8％的人口，拥有全国 13％的耕地；在全国已探明的 45 种矿藏储量中，黄河流域占了 32％，其中煤占 46.5％、石油占 26.6％、铝占 44％；后备的可开垦土地资源在 3000 万亩以上，是实现我国 21 世纪发展目标的重要基地。

　　黄河上游宁蒙河段西起宁夏的下河沿，东至内蒙古的头道拐，长990.3km。河道两岸土地辽阔，地势平坦，引黄灌溉历史悠久，有著名的卫宁灌区、青铜峡灌区、内蒙古河套灌区和土默特川灌区，是西部地区的主要产粮区，也是西部地区经济较为发达地区。堤防保护范围内有人口 354.6 万人，还有各种灌溉供水工程、包兰铁路、110 国道、109 国道、西北电网高压输电线路、"京—呼—银—兰"通信光缆等国家重要基础设施，以及煤炭、钢铁、稀土等重要工矿企业。保障宁蒙河段防洪安全，直接影响到两自治区社会经济的持续发展。

　　宁蒙河段防洪工程建设历史较长，到 2004 年宁蒙河段共有干支流堤防1439.043km；河道整治工程 138 处，坝垛 2111 道，工程长度 173.359km；同时加强工程管理建设，对减轻宁蒙河段洪水和凌汛灾害、保障沿岸人民生命财产安全和经济建设发展起到了重要作用。但是，统一规划和系统的建设始于 20 世纪 80 年代，由于工程建设基础较差，目前河防工程堤防高度不足，堤身质量较差，部分河段堤防残缺不全，穿堤建筑物数量多、标准低，河道整治工程少，河势得不到控制，危及堤防安全。自 20 世纪 90 年代以来，由于进入宁蒙河段的水沙条件日趋恶化，河道淤积日趋严重，导致排洪输沙功能不断降低，使该河段的防洪防凌形势日趋严峻。随着 21 世纪我国西部大开发战略的逐步实施，该地区将是西部最具发展活力的地区之一，社会经济的迅速发展，对保证防洪安全提出的要求也越来越高，因此，进一步加快宁蒙河段的治理是十分必要的。

目前，在黄河流域严重缺水、现状来沙情况下，如何充分利用黄河有限的水资源，既最大限度地满足沿程的工农业用水，又使宁蒙河段现状严重淤积的状况有所改善，是宁蒙河段治理开发中的一个重要问题，也是恢复宁蒙河道排洪输沙功能的关键问题。因此，对黄河上游宁蒙河段水沙变化及河道响应研究，对黄河上游水沙调控，减缓宁蒙河段主河槽的淤积，减轻宁蒙河段的防洪、防凌压力具有重要的理论与实际意义。

本书是在国家重点研发计划"黄河流域水沙变化机理与趋势预测"的课题"水沙变化情势下黄河治理策略"（2016YFC0402408-2）和中国水利水电科学研究院重点科研专项"非均匀沙运动理论前沿研究（二）"课题（SE0145B362016）及自然科学基金项目"面向2035的黄河水沙变化趋势与治理战略研究"（C1624052）的部分研究成果基础上，通过系统总结编写而成。全书共分7章，主要内容及编写人员如下：第1章绪论，由董占地、胡海华执笔；第2章宁蒙河段水沙变化特征，由董占地、胡海华、孙高虎执笔；第3章宁蒙河段河道冲淤演变与河道萎缩成因分析，由董占地、胡海华执笔；第4章宁蒙河段河道断面形态与水沙变化的响应，由董占地执笔；第5章宁蒙河段河道凌情特征及变化分析，由董占地、赵慧明执笔；第6章宁蒙河段中水河槽规模需求分析，由董占地执笔；第7章结语，由董占地执笔。全书由董占地审定统稿。

特别需要说明的是，本书的研究成果在研究过程中，得到了许多领导、专家的指导和支持以及同事的帮助，主要有胡春宏、陈建国、郭庆超、王崇浩、胡海华、赵慧明、孙高虎、张志昊、刘飞等，在此表示诚挚的感谢！

鉴于黄河宁蒙河段水沙变异情势下河道响应的复杂性，加之作者水平有限，书中定有不少欠妥或谬误之处，竭诚欢迎读者批评指正。

本书受国家重点研发计划"黄河流域水沙变化机理与趋势预测"的课题"水沙变化情势下黄河治理策略"（2016YFC0402408-2）及中国水利水电科学研究院重点科研专项"非均匀沙运动理论前沿研究（二）"课题（SE0145B362016）的资助，特此感谢！

董占地

2017年7月于北京

目 录 Contents

第1章 绪 论

1.1 宁蒙河段河道概况

黄河上游是指从河源至内蒙古托克托县河口镇（头道拐）河段，跨越了青藏高原和内蒙古高原，河道长 3472km，约占全河长 5468km 的 63.5%；水面落差 3496m，约占全河水面落差 4482m 的 78.0%；控制流域面积 38.6 万 km²，约占全河流域面积 75.2 万 km²的 51.3%，河道平均比降 1‰。宁夏回族自治区境内的下河沿以上为黄河上游的上段；下河沿至头道拐为黄河上游的下段，又称宁蒙河段，全长 990.3km，位于宁夏回族自治区和内蒙古自治区境内，其中下河沿—石嘴山河段为宁夏河段，石嘴山—头道拐河段为内蒙古河段，如图 1-1 所示。

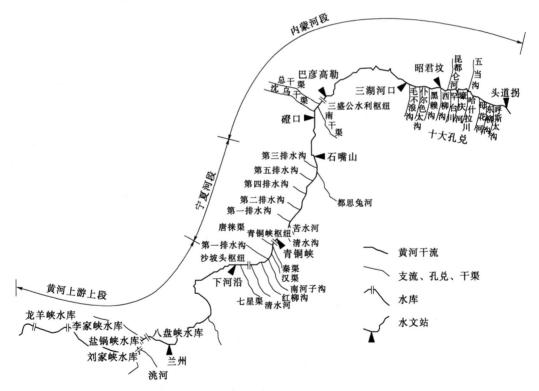

图 1-1 黄河上游龙羊峡水库至头道拐河段主要水利枢纽、水文站、支流、引水渠分布示意图

宁夏河段共有 3 个水文站，从上至下分别为下河沿站（1951 年 5 月设立）、青铜峡站（1939 年 5 月设立）、石嘴山站（1942 年 9 月设立），其中下河沿站为入境站，石嘴山站为

1

出境站；石嘴山站为内蒙古河段入境站，内蒙古河段有 5 个水文站，从上至下分别为磴口站、巴彦高勒站、三湖河口站、昭君坟站和头道拐站，其中巴彦高勒设站最晚，设站时间为 1961 年 4 月。

1.1.1 宁夏河段河道概况

宁夏河段自下河沿入境，至石嘴山全长 318.1km，偏东转偏北流向，跨北纬 37°17′～39°23′。该河段较大的支流有清水河、红柳沟、苦水河和都思兔河 4 条河流，均分布在黄河右岸。其中，都思兔河为宁夏、内蒙古的分界河流，清水河为该河段的最大支流。较大的引水渠主要有七星渠、汉渠、秦渠和唐徕渠 4 条。排水沟主要包括清水沟、第一排水沟、第二排水沟、第三排水沟、第四排水沟和第五排水沟等。宁夏河段主要分为下河沿—青铜峡和青铜峡—石嘴山两个河段，其主要特征值见表 1-1。

表 1-1　　　　　　　　　　　　　　宁蒙河段各河段主要特征表

序号	河段	河型	概　　　述	河长/km	河宽/m	平均河宽/m	主槽宽/m	平均槽宽/m	比降/‰	弯曲率
下河沿—青铜峡河段	下河沿—白马	非稳定分汊	河岸具有典型的二元结构，下部为砂卵石，上部覆盖有砂土；河道内心滩发育，汊河较多，水流分散，水流多为 2～3 汊；河床演变表现为主支汊的兴衰及心滩的消长，主流顶冲滩岸	82.6	500～1500	915	300～1000	520	0.80	1.16
	青铜峡库区	库区	库区坝上 8km 为峡谷河道，峡谷以上河床宽浅，水流散乱；河床演变除受来水来沙条件及河床边界条件的影响外，还与水库运用密切相关	40.9				500～700			
青铜峡—石嘴山河段	青铜峡—头道墩	过渡	平面上出现多处大的河湾，心滩较少，边滩发育；河床演变主要表现为单向侧蚀，主流摆动较大；主流多靠右岸，左岸顶冲点变化不定，平面变化较大	107.6	1000～4000	2500	400～900	550	0.15	1.21
	头道墩—石嘴山	游荡	平面上宽窄相同，呈藕节状，断面宽浅，水流散乱，沙洲密布；河岸抗冲性差，主流游荡摆动剧烈，两岸主流顶冲点不定	87.0	1800～6000	3300	500～1000	650	0.18	1.23
石嘴山—三盛公河段	石嘴山—磴口	峡谷	平面外形呈弯曲状；主流常年基本稳定	86.4	1000～1300	400	400		0.56	1.5
	三盛公库区	库区	平原型水库	54.2	2000	2000	1000		0.15	1.31
三盛公—头道拐河段	巴彦高勒—三湖河口	游荡	平面上河身顺直，断面宽浅，水流散乱；河道内沙洲众多，主流游荡摆动剧烈	221.1	2500～5000	3500	500～900	750	0.17	1.28
	三湖河口—昭君坟	过渡	河岸宽广，河岸黏性土分布不连续，加之孔兑泥沙的汇入；主流摆动幅度仍然较大，其河床演变特性介于游荡性和弯曲性河段之间	126.4	2000～7000	4000	500～900	710	0.12	1.45
	昭君坟—头道拐	弯曲	平面上呈弯曲状，由连续的弯道组成，南岸有五大孔兑汇入，北岸有数条阴山支流汇入	184.1	1200～5000	上段 3000 下段 2000	400～900	600	0.10	1.42

1. 下河沿—青铜峡河段

下河沿—青铜峡河段长 123.5km，河道迂回曲折，河床由粗沙卵石组成，并以卵石为主，河心滩较多，河道迂回曲折，河宽 0.2～3.3km，比降 0.8‰～0.9‰。

白马为青铜峡水库的入库断面，下河沿—白马河段长 82.6km，河宽 500～1500m，平均宽为 915m，主槽宽 300～1000m，平均宽约为 520m。河道纵比降 0.8‰。由于黄河出峡谷后，水面展宽，卵石推移质沿程淤积，洪水漫溢时，悬移质泥沙落淤于滩面，因此，河岸具有典型的二元结构，下部为砂卵石，上部覆盖有砂土。河道内心滩发育，汊河较多，水流分散，水流多为 2～3 汊，属非稳定分汊型河道，其河床演变主要表现为主、支汊的兴衰及心滩的消长，主流顶冲滩岸，造成险情。

白马—青铜峡坝址长约 40.9km，为青铜峡水库库区段。青铜峡库区段坝上 8km 为峡谷河道，峡谷以上河床宽浅，水流散乱。其河床演变除受水来沙条件及河床边界条件的影响外，还与水库运用密切相关。20 世纪 80 年代以来，水库已形成较为稳定的滩槽形态，主槽宽度为 500～700m。

2. 青铜峡—石嘴山河段

青铜峡—石嘴山河段长 194.6km，为平原型河流，河宽 1.0～6.0km，比降 0.1‰～0.2‰，砂质河床，河道支汊横生，河心滩星罗棋布，主流摆动较大，素有"三十年河西，三十年河东"之说。该河段大部分属于干旱地区，降水量少，蒸发量大，加之灌溉引水量大，且无大支流加入，黄河水量有所减少。

青铜峡—头道墩河段为平原冲积河道，为卵石分汊河道向游荡性河道的过渡段，受鄂尔多斯台地控制，右岸形成若干处节点，因此，平面上出现多处大的河湾，心滩较少，边滩发育。其河床演变主要表现为单向侧蚀，主流摆动较大。抗冲能力弱的一岸，主流坐湾，常造成滩岸坍塌，出现险情。该河段长 107.6km，河宽 1000～4000m，平均宽 2500m。主槽宽 400～900m，平均宽约 550m。河道纵比降 0.15‰，弯曲率 1.21，主流多靠右岸，左岸顶冲点变化不定，平面变化较大。

头道墩—石嘴山河段受右岸台地和左岸堤防控制，平面上宽窄相间，呈藕节状，断面宽浅，水流散乱，沙洲密布，河床河岸抗冲性差，冲淤变化较大，主流游荡摆动剧烈，两岸主流顶冲点不定，经常出现险情，属游荡性河道。该河段长 87.0km，河宽 1800～6000m，平均宽约 3300m。主槽宽 500～1000m，平均宽约 650m。河道纵比降 0.18‰，弯曲率 1.23。

1.1.2　内蒙古河段河道概况

内蒙古河段地处黄河流域最北端，介于东经 106°10′～112°50′、北纬 37°35′～41°50′之间。从石嘴山入境至磴口河道流向大致是西南流向东北，磴口至包头基本自西向东，包头至清水河县喇嘛湾由西北流向东南，以下至出境基本自北向南。由于上游流经黄土高原及沙漠边缘，河水含沙量剧增，致使河床落淤抬升，河身逐渐由窄深变为宽浅，河道中浅滩湾道迭出，坡度变缓。

该河段自新中国成立以来陆续地增设引黄渠道，并修建水利枢纽，逐渐合并形成三大主引黄干渠：总干渠、沈乌干渠和南干渠；该河段支流主要有十大孔兑和昆都仑河、五当沟两条支流。十大孔兑位于黄河河套内（三湖河口至头道拐河段右岸一侧），发源于鄂尔多斯台地，它们流向都是由南向北，流经库布齐沙带，横穿下游冲积平原后泄入黄河。集水面积 10767km²，从西向东依次为毛不浪沟、仆尔色太沟、黑赖沟、西柳沟、罕台川、壕庆河、哈什拉川、母花河、东柳沟和呼斯太沟。十大孔兑地势南高北低，地表覆盖有极薄的风沙残积土，颗粒较粗，粒径大于 0.05mm 的粗沙占 60% 左右；地面坡度一般在 40°左右，最大可达 70°左右。这些洪沟上游坡度陡，比降约为 1%，河流冲蚀强烈；中游为库布齐沙漠横贯东西，沙带主要分布于罕台川以西，多属流动沙丘，面积 1963km²，约占沙漠面积的 71.1%，罕台川以东，沙漠面积仅 799km²，多属半固定沙丘，季风一到，库布齐沙漠黄沙滚滚，大量的风沙堆积在河床两岸；下游为冲洪积扇区，属黄河冲积平原，坡度突然变缓，比降为 0.77‰～1.25‰，地势平坦，土地肥沃。内蒙古河段主要分为石嘴山—三盛公和三盛公—头道拐两个河段，其主要特征值见表 1-1。

1. 石嘴山—三盛公河段

石嘴山—三盛公河段河长 140.6km，上段为峡谷，下段为三盛公水利枢纽，已形成相对稳定的砂质河床，河道冲淤基本平衡。

石嘴山—磴口河段穿行于右岸桌子山及左岸乌兰布和沙漠之间，长 86.4km，属峡谷河道，河宽约 400m，局部地段达 1000～1300m，河道纵比降 0.56‰。受右岸山体和左岸高台地制约，平面外形呈弯曲状，弯曲率为 1.5，主流常年基本稳定。

从入库站磴口站到三盛公坝址全长 54.2km，整个内蒙古河段三大主引黄干渠（总干渠、沈乌干渠和南干渠）都集中于该河段；三盛公水库为平原型水库，库区平均宽 2000m，其主槽平均宽度约 1000m 左右。其出库站为巴彦高勒站，上距三盛公坝址 422m。

2. 三盛公—头道拐河段

三盛公—头道拐河段为冲积性河道，长约 531.6km，河床宽阔，河势游荡摆动。该河段又可分为以下两个河段。

（1）巴彦高勒—三湖河口河段。巴彦高勒—三湖河口河段河长 221.1km，河身顺直，断面宽浅，水流散乱。河道内沙洲众多，主流游荡摆动剧烈，属游荡性河段。该河段河宽 2500～5000m，平均宽约 3500m，主槽宽 500～900m，平均宽约 750m，河道纵比降 0.17‰，弯曲率 1.28。

（2）三湖河口—头道拐河段。三湖河口—头道拐河段南岸的十大孔兑易发生突发性暴雨洪水，流经库布齐沙漠，携带大量泥沙进入黄河，当干流流量较小时在干流河道内容易形成沙坝，甚至淤堵黄河。

其中三湖河口—昭君坟河段横跨乌拉山山前倾斜平原，北岸为乌拉山，南岸为鄂尔多斯台地，河长 126.4km。由于河道宽广，河岸黏性土分布不连续，加之孔兑泥沙的汇入，该河段主流摆动幅度仍然较大，其河床演变特性介于游荡性和弯曲性河段之间。本河段河宽 2000～7000m，平均宽约 4000m。主槽宽 500～900m，平均宽约 710m，河道纵比降 0.12‰，弯曲率 1.45。

昭君坟—头道拐河段自包头折向东南，沿北岸土默川平原南边缘与南岸准格尔台地奔向喇嘛湾，河段长度 184.1km。平面上呈弯曲状，由连续的弯道组成，南岸有孔兑汇入，北岸有昆都仑河、五当沟两条支流汇入。本河段河宽 1200～5000m，上段较宽，平均约

3000m，下段较窄，平均约为 2000m。主槽宽 400～900m，平均约 600m，河道纵比降 0.10‰，弯曲率 1.42。

1.2 大型水利工程概况

黄河上游的水利工程尤其是大型水利工程，分布较为集中，如图 1-2 所示。下河沿站以上已建成的有龙羊峡、刘家峡、盐锅峡等水利枢纽工程，下河沿—石嘴山建有青铜峡水利枢纽工程，石嘴山—巴彦高勒建有三盛公水利枢纽工程。

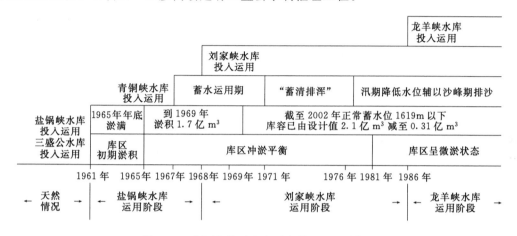

图 1-2 黄河上游干流大型水利工程运用概况

1. 三盛公水库运用概况

黄河三盛公水利枢纽工程，位于内蒙古巴彦淖尔盟磴口县巴彦高勒镇（原名三盛公）东南的黄河干流上，居内蒙古河套平原的西南端。该枢纽工程是迄今黄河干流上最大的平原低水头闸坝工程，以灌溉为主，兼有防洪、供水、发电、交通、旅游等综合功能。其主要灌区河套灌区也是全国三大灌区之一，灌溉面积达 60 万 hm²。三盛公水库于 1961 年投入运用，水库本身基本无调洪能力，每年 5—10 月壅水灌溉，11 月至次年 4 月敞泄冲刷。1961 年 11 月至 1965 年 10 月为库区初期淤积发展阶段，1965—1981 年库区冲淤基本平衡，1981 年以后库区呈微淤状态。

2. 盐锅峡水库运用概况

盐锅峡水库位于刘家峡水库下游 31.6km 处，该水库于 1961 年 11 月蓄水发电，总库容 2.16 亿 m³，1965 年底淤满。1961—1969 年淤积 1.7 亿 m³。截至 2002 年正常蓄水位 1619m 以下库容已由设计值 2.16 亿 m³ 减至 0.31 亿 m³，库容损失达 85.8%。

3. 青铜峡水库运用概况

青铜峡水库自 1967 年投入运用以来，该水库运用共经历了 3 个阶段。①1967—1971 年为蓄水运用期，该时段水库运用控制水位较高，均维持在 1151m 以上运用，期间 1968 年上游刘家峡水库投入运用，青铜峡出库水沙量均大幅度减少，水库淤积严重。②1971 年青铜峡水库基本上已淤满，出库水沙量有所增加。1971—1976 年水库采用汛期降低水位排沙、冲沙，非汛期或含沙量较小时抬高水位发电，即"蓄清排浑"运用。③1971 年以后，采取结合沙峰排沙运用方式，汛期抬高水位运用，仅在大沙时才降低水位运用。

4. 刘家峡水库运用概况

刘家峡水库位于下河沿以上461km处，控制流域面积18.18万km²，占全流域面积的24%。水库库容57亿m³，其中有效库容41.5亿m³，是一座不完全年调节水库。1968年10月15日下闸蓄水，以发电为主，兼有灌溉、防洪、防凌、航运及养殖等综合效益。

5. 龙羊峡水库运用概况

龙羊峡水库是黄河上游具有多年调节能力的大型水库，该水库以发电为主，兼有灌溉、防洪、防凌、航运及养殖等综合效益。其位于刘家峡水库坝址上游332km处，控制流域面积13.14万km²，占全流域面积的17.5%。水库总库容247亿m³，有效库容193.6亿m³。1986年10月15日下闸蓄水，1987年9月29日第一台机组发电，至1989年6月7日，共装机4台，总容量128万kW，设计年发电量59.4亿kW·h。

1.3 宁蒙河段存在的主要问题

近年来，黄河上游大型水利枢纽运用时间的延长和调控力度的加大以及天然径流条件的变化致使宁蒙河段暴露出来的问题日趋严重。

1. 宁蒙河段水沙条件发生较大变化，河道淤积严重，主河槽萎缩

由于上游引黄水量增加，宁蒙河道来水大幅减少；同时，龙羊峡水库、刘家峡水库的联合调度运用，虽然发挥了巨大的兴利效益，但同时也改变了宁蒙河段径流过程的分配，加剧了宁蒙河段水沙关系的不协调。刘家峡水库运用前的1951—1968年，下河沿站汛期与非汛期水量比例为61.95∶38.05，刘家峡水库投入运用后至龙羊峡水库运用前的1969—1986年，下河沿站汛期与非汛期水量比例为53.05∶46.95，龙羊峡水库投入运用后的1987—2004年，汛期与非汛期水量比例为42.06∶57.94。下河沿站和头道拐站的年输沙量逐年减少，特别是头道拐站的年输沙量减少幅度更大，其输沙量从刘家峡水库修建（1968年）前的1.76亿t减少到1968—1987年的1.09亿t，龙羊峡水库运用后，其输沙量进一步减至0.39亿t。龙羊峡、刘家峡两库联合调度后，黄河宁蒙河段呈现出水沙量减少、年内各月水沙分配趋于均匀、洪峰流量减小、汛期大流量时间缩短、小流量时间增长的特点。也正是因为龙羊峡、刘家峡两库联合调度，使得进入宁蒙河段的汛期洪峰流量减小、流量过程调平。就下河沿站而言，刘家峡水库运用期间，汛期平均流量由刘家峡水库建库前的1975m³/s减小到1591m³/s，平均削减率为19.4%；龙羊峡水库运用以后，其汛期平均流量进一步减小到945m³/s，其削减作用明显增大，1000m³/s以上的流量均受到削减，平均削减率为40.6%。

因此，水库汛期的控制，减少了下泄水量，使进入宁蒙河道的洪峰流量大幅削减，大流量出现天数大幅减少，减少了汛期宁蒙河道基流，恶化了进入宁蒙河段的水沙条件，降低了其汛期河道的冲刷能力，致使河道淤积严重。根据输沙率法计算可得，宁蒙河段的淤积主要集中在内蒙古河段，内蒙古河段1986年11月至2004年10月年均淤积量达0.748亿t。河道淤积造成中小洪水流量水位明显抬高，平滩流量减小，防洪标准大大降低。就三湖河口站而言，该站的平滩流量由1986年的4100m³/s左右减小到2004年的1100m³/s

左右，主河槽严重萎缩。2003年8月河道流量只有1000m³/s即造成堤防决口。

2. 汛期洪水灾害严重

黄河宁蒙河段游荡型河段较长，河流摆动剧烈，汛期洪水灾害频繁。例如比较典型的1964年和1981年洪水，洪水过程如图1-3所示。两次大洪水都造成多处决口，大量农田和房屋被淹，给沿河两岸造成不同程度的灾害。

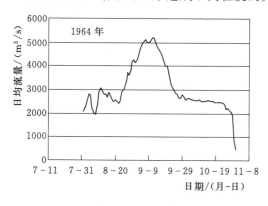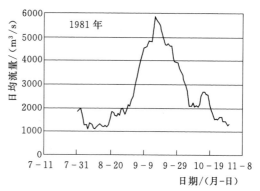

图1-3 宁蒙河段1964年和1981年洪水下河沿站日均流量过程

1964年洪水，下河沿站最大日均洪峰流量5200m³/s（9月11日），历时60天，洪量138亿m³，大于5000m³/s的洪峰流量为期5天。当时正在施工的青铜峡水利枢纽打开上、下游围堰并拆除施工铁路过洪，淹没基坑，影响工期半年。据调查统计，在这次洪水中，宁夏地区受淹农田4万多亩，淹没房屋700多间，倒塌68间，陶乐县惠民渠发生决口，七星渠和跃进渠淤积几十千米。

1981年8月13日至9月13日，黄河上游地区连降长达30天的阴雨。经刘家峡水库调蓄后，9月16日下河沿水文站出现5840m³/s的洪峰流量，其中3000m³/s以上洪水持续了28天。9月21日石嘴山洪峰流量达5660m³/s，经河套灌区总干渠适时分洪后，巴彦高勒站、三湖河口站和昭君坟站洪峰流量分别达5380m³/s、5450m³/s和5500m³/s，其中4000m³/s以上洪水持续了约20天左右。据调查统计，此次洪水共造成9段堤防决口，淹没耕地27.72万亩，冲毁输电线路28km、电塔2处、扬水站18处、公路21km，直接经济损失达9248.5万元（1994年价），给国家和当地人民群众造成严重损失。

3. 内蒙古河段防凌问题突出

除汛期洪水外，宁蒙河段冰凌洪水灾害也很严重，给沿岸广大人民群众的生命财产造成了巨大的损失。内蒙古河段为稳定封冻河段，结冰期长达3~4个月。河道比降小，流速缓，冬季封河时从下游往上游，开河时自上游而下游。在封河期，封河从下游开始，水流阻力加大，上游流凌易在封河处卡冰结坝，壅水漫滩，严重时会造成堤防决口。在开河时，上游先开河，而下游仍处于结冰状态，上游解冻的大量冰水沿程汇集涌向下游，越积越多，如冰凌排泄不畅，极易发生冰凌壅高水位而威胁堤防安全和产生凌汛灾害的情况。如2001年12月8日三湖河口站断面平封（"平封"是指在持续低温下，黄河自岸边开始结冰，称为"岸冰"，岸冰不断增长加宽，两岸岸冰逐渐合龙，自然冻结形成的封河现象），12月13日头道拐站断面平封。三湖河口站流量从封河前600m³/s左右，减少到

150m³/s，且流量一直在 150m³/s 附近徘徊，持续了 22 天，到 12 月 30 日才增加到 196m³/s。由此可见，从头道拐站到三湖河口站之间形成冰塞，过流能力迅速减小，但由于天气冷，封河速度快，封河时间短，区间槽蓄水量少，三湖河口站水位只涨了 0.8m。随着封河位置向上推移，纬度减小，温度增高，封河速度变得缓慢，石嘴山至巴彦高勒区间槽蓄水量逐渐增大，12 月 6—9 日石嘴山至头道拐槽蓄水量增到 4 亿 m³，水位上涨，两岸大堤吃水，于 12 月 17 日内蒙古乌海段黄河民堤发生决口，灾情严重，水淹一乡一镇，涉及 5 个村庄、3 个养殖场和 2 所学校，直接经济损失约 1.3 亿元。

4. 十大孔兑泥沙淤堵黄河严重

内蒙古河段十大孔兑河短坡陡，干旱少雨，降雨时空分布非常不均，且主要以暴雨形式出现，形成峰高量少、陡涨陡落的高含沙洪水。洪水涨落时间很短，一般只有 10h 左右。十大孔兑的洪水泥沙高度集中，汛期 7—10 月沙量占年沙量的 98% 以上；一次洪水沙量就占年沙量的 35% 以上，最高的可达 99% 以上。绝大多数洪水均发生在 7 月上旬至 8 月下旬。

据资料统计，1961—1998 年十大孔兑的西柳沟、毛不浪沟、罕台川曾发生 7 次泥沙淤堵黄河的现象。尤其是近年来，由于龙羊峡、刘家峡两库的联合运用，致使黄河上游宁蒙河段洪峰流量大幅削减，很难将淤堵黄河的泥沙冲开，这也是造成内蒙古河段淤积严重的主要原因之一。例如，1989 年 7 月 21 日西柳沟发生 6940m³/s 洪水，来水量 0.735 亿 m³，来沙量 0.474 亿 t，实测最大含沙量 1240kg/m³。黄河流量在 1000m³/s 左右，在入黄口处形成长 600 多 m、宽约 7km、高 5m 多的沙坝，堆积泥沙约 3000 万 t，使黄口上游 1.5km 处的昭君坟站同流量水位猛涨 2.18m，造成包钢 3 号取水口 1000m 长管道淤死，4 座辐射沉淀池管道全部淤塞，严重影响了包头市和包钢的供水。8 月 15 日主槽全部冲开，水位恢复正常。这次洪水黄河上游来水较丰，入库流量为 2300m³/s，出库流量却只有 700m³/s，加重了河道淤堵。据时明立等的调查，在此次洪水中，西柳沟两岸多处决堤，相当一部分泥沙淤积在龙头拐以下的平原地带。由于本次洪峰大，均超过各孔兑的防洪标准，造成多处决口，其中较大的有 43 处，决口长度约 34km，数乡被水淹，大片农田、草场变成一片汪洋。

5. 现有河道整治工程无法满足宁蒙河段的防洪防凌要求

由于刘家峡和龙羊峡两个水库相继投入运用，黄河宁蒙河段水沙过程发生了显著的变化。为了适应其变化，宁蒙河段河床需要不断调整，结果是主流摆动剧烈，河势变化加大，致使游荡型河道的游荡进一步加剧，弯曲型河道坐弯而形成畸形弯道，造成主流直冲堤岸，有可能造成中常洪水冲决大堤。同时，主流摆动频繁，使大型灌区引水困难。

"九五"以来按规划的治导线进行了河道整治工程建设，防洪工程体系得到了逐步改善。但是，由于两自治区经济发展相对落后，投资不足，工程建设基础较差，目前，整治工程还存在数量少、标准低，河势得不到控制，危及堤防安全、工程管理和防洪非工程措施建设薄弱等问题。按照总体规划，宁蒙河段规划需要建设河道整治工程 224 处，坝垛 5387 道，工程长度 513.3km。现状河道整治工程有 138 处，占规划的 61.6%；坝垛 2111 道，占规划的 39.2%；工程长度 173.4km，占规划的 33.7%。现有工程中，其工程布点、工程长度及工程质量与整体规划规模相比存在较大差距，河势摆动难以控制、毁堤塌岸现象仍时有发生。

第2章 宁蒙河段水沙变化特征

宁蒙境内的黄河河道多具有宽浅的冲积性河流特征，其冲淤变化取决于流域的来水来沙条件和河床边界条件，而河床边界条件又随来水来沙条件而变化，故水沙条件对宁蒙河段河道的冲淤变化起着主导作用。因此，全面了解宁蒙河段来水来沙变化过程，是研究宁蒙河段河道冲淤演变的基础。

本章采用1950年以来的实测资料，对不同时期宁蒙河段干流来水来沙量及过程、区间引水引沙量、支流来水来沙量、十大孔兑入黄沙量和入黄风积沙量进行系统研究，并分析了上游大型水利工程对宁蒙河段来水来沙量及过程的影响。

需要说明的是，本次研究过程中所依据的资料主要包括各干流水文测站（宁夏河段从上至下有下河沿、青铜峡、石嘴山等3个水文站，内蒙古河段从上至下有巴彦高勒、三湖河口、头道拐等3个水文站，其中石嘴山站为宁夏河段的出境站，也是内蒙古河段的入境站）历年观测的水位、流量和输沙率等水文资料及实测大断面资料；同时还包括宁蒙河段各支流、引水渠、排水沟、十大孔兑以及风积沙等资料。

2.1 干流来水来沙变化过程

2.1.1 干流水沙变化概况

图2-1～图2-3所示为1951—2012年宁蒙河段沿程典型水文站逐年的年径流量、汛期

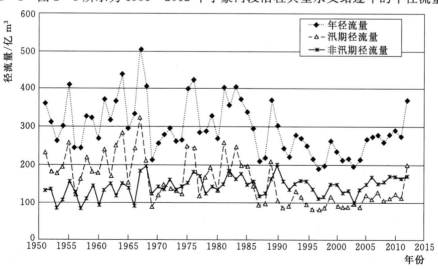

图2-1 下河沿站1951—2012年年径流量、汛期径流量、非汛期径流量变化

径流量、非汛期径流量变化过程。由图 2-1～图 2-3 可见，1951—2012 年下河沿、石嘴山和头道拐 3 个水文站多年平均年径流量分别为 297.17 亿 m³、275.44 亿 m³ 和 213.76 亿 m³，相应的最大年径流量均为 1967 年的 509.13 亿 m³、491.14 亿 m³ 和 434.87 亿 m³，相应的最小年径流量均为 1997 年的 188.66 亿 m³、160.15 亿 m³ 和 105.90 亿 m³，其最大年径流量分别为最小年径流量的 2.7 倍、3.1 倍和 4.1 倍；3 个水文站汛期多年平均径流量分别为 155.36 亿 m³、148.19 亿 m³ 和 112.41 亿 m³，分别约占相应站多年平均径流量的 52.3%、53.8% 和 52.6%，相应的最大汛期径流量均为 1967 年的 326.19 亿 m³、323.65 亿 m³ 和 292.34 亿 m³，相应的最小汛期径流量分别为 79.65 亿 m³、70.04 亿 m³ 和 32.83 亿 m³，其最大汛期径流量分别为最小汛期径流量的 4.1 倍、4.6 倍和 8.9 倍；3 个水文站非汛期多年平均径流量分别为 141.81 亿 m³、127.24 亿 m³ 和 101.35 亿 m³，3 个水文站历年非汛期径流量变幅相对较小。

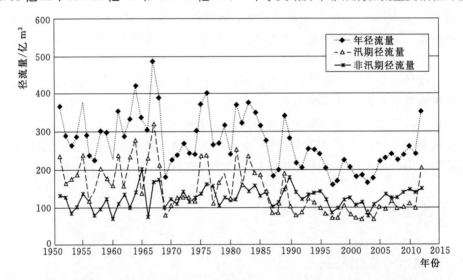

图 2-2 石嘴山站 1951—2012 年年径流量、汛期径流量、非汛期径流量变化

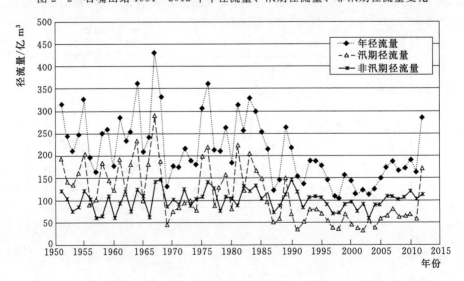

图 2-3 头道拐站 1951—2012 年年径流量、汛期径流量、非汛期径流量变化

由图进一步分析可得：①1968年10月刘家峡水库开始蓄水，1986年以后又受龙羊峡水库运用的影响，加之降雨量的变化，使得宁蒙河段各水文站年径流量和汛期径流量均有所缩减。分时段来看，1951—1968年下河沿、石嘴山、头道拐3个水文站多年平均年径流量和汛期径流量分别为338.87亿 m³、324.08亿 m³、263.96亿 m³ 和209.93亿 m³、202.08亿 m³、164.57亿 m³；1969—1986年3个水文站多年平均年径流量和汛期径流量分别为318.80亿 m³、295.91亿 m³、237.47亿 m³ 和169.13亿 m³、162.36亿 m³、128.77亿 m³，分别较前一时段约减少了5.9%、8.7%、10.0%和19.4%、19.7%、21.8%；1987—2012年3个水文站多年平均年径流量和汛期径流量分别为253.32亿 m³、227.58亿 m³、162.60亿 m³ 和108.05亿 m³、101.08亿 m³、64.98亿 m³，分别较前一时段约减少了20.5%、23.1%、31.5%和36.1%、37.8%、49.5%。由此可见，各水文站多年平均汛期径流减少的百分比均大于多年平均年径流量减少的百分比，而且1986年龙羊峡运用以后，要较龙羊峡水库运用前衰减的更为明显。②宁蒙河段各水文站年径流量和汛期径流量均呈现沿程衰减的趋势，而且内蒙古河段（石嘴山—头道拐河段）较宁夏河段（下河沿—石嘴山河段）衰减的更为明显。③1968年刘家峡水库运用前，各水文站汛期径流量均明显大于非汛期径流量（个别年份除外，下同），刘家峡水库单独运用期间（1969—1986年），各水文站汛期径流量和非汛期径流量大小互现，1986年龙羊峡水库运用以后，各水文站除2012年外汛期径流量均明显小于非汛期径流量。

图2-4～图2-6所示为1951—2012年宁蒙河段沿程典型水文站逐年的年输沙量、汛期输沙量、非汛期输沙量变化过程。

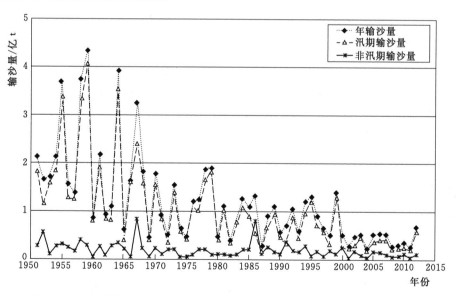

图2-4 下河沿站1951—2012年年输沙量、汛期输沙量、非汛期输沙量变化

由图2-4～图2-6可见，1951—2012年下河沿、石嘴山和头道拐3个水文站多年平均年输沙量分别为1.21亿 t、1.19亿 t 和1.01亿 t，相应的多年平均汛期输沙量分别为1.01亿 t、0.89亿 t 和0.77亿 t，分别约占相应年均输沙量的83.5%、74.8%和76.2%。

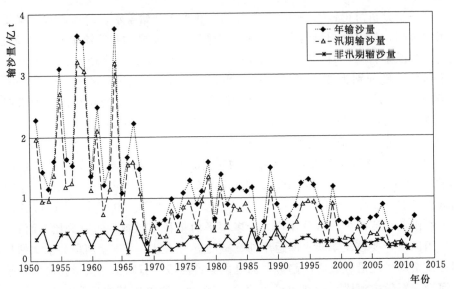

图 2-5 石嘴山站 1951—2012 年年输沙量、汛期输沙量、非汛期输沙量变化

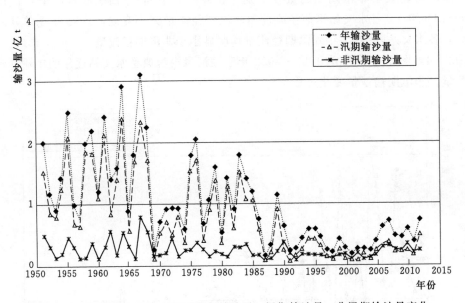

图 2-6 头道拐站 1951—2012 年年输沙量、汛期输沙量、非汛期输沙量变化

由图进一步分析可得：①宁蒙河段各水文站约 75% 以上的来沙集中在汛期。②分时段来看，1951—1968 年下河沿、石嘴山、头道拐 3 个水文站的多年平均年输沙量和汛期输沙量分别为 2.15 亿 t、2.05 亿 t、1.76 亿 t 和 1.87 亿 t、1.66 亿 t、1.43 亿 t；1969—1986 年 3 个水文站的多年平均年输沙量和汛期输沙量分别为 1.07 亿 t、0.97 亿 t、1.09 亿 t 和 0.89 亿 t、0.71 亿 t、0.86 亿 t，分别较前一时段约减少了 50.3%、52.6%、37.8% 和 52.2%、57.1%、39.8%；1987—2012 年 3 个水文站的多年平均年输沙量和汛期输沙量分别为 0.65 亿 t、0.75 亿 t、0.44 亿 t 和 0.50 亿 t、0.49 亿 t、0.25 亿 t，分别较前一时段约减少了 39.5%、22.3%、59.7% 和 43.6%、31.7%、70.6%。由此可见，

各水文站的泥沙来量也受水库的拦蓄等因素的影响，1986年以后的年来沙量和汛期来沙量均明显减少，而且汛期来沙减少的百分比要大于全年。

2.1.2 干流来水来沙变化特点

1. 水沙分布不协调，水沙异源

宁蒙河段来水来沙具有水沙异源的特性，包括上游来水来沙异源和本地水沙异源。表2-1为1919—1968年黄河上游区间来水来沙情况统计表。由表可知：①贵德以上流域面积占下河沿站以上面积的52.8%，多年平均水量占下河沿站水量的65.4%，多年平均沙量仅占下河沿站的9.9%，多年平均含沙量只有0.90kg/m³；②贵德—上诠流域面积占19.3%，多年平均水量占21.4%，沙量占30.9%，平均含沙量达到8.54kg/m³；③上诠—下河沿流域面积占27.9%，水量占13.2%，来沙量占59.1%，平均含沙量高达26.50kg/m³。以上数据可以充分说明宁蒙河段上游来水来沙具有水沙异源的特点，来水主要来自贵德以上，而来沙集中来自上诠—下河沿站区间。所以不同来源的水沙过程进入宁蒙河道后一般不匹配，流量大时含沙量较小，含沙量大时而流量不大。

表2-1　　　　　　　1919—1968年黄河上游区间来水来沙情况统计表

区　间	流域面积/万km²		水量/亿m³		沙量/亿t		含沙量/(kg/m³)
	面积	占下河沿/%	全年	占下河沿/%	全年	占下河沿/%	
贵德以上	13.4	52.8	205.4	65.4	0.184	9.9	0.90
贵德—上诠	4.9	19.3	67.1	21.4	0.573	30.9	8.54
上诠—下河沿	7.1	27.9	41.4	13.2	1.096	59.1	26.50
下河沿以上	25.4	100.0	313.9	100.0	1.853	100.0	5.90

图2-7为1951—2012年多年平均进出宁蒙河段水沙量分布的示意图。由图可见，平均每年从黄河干流进入宁蒙河段的水沙量分别为297.17亿m³和1.21亿t，以支流和十大孔兑形式入汇宁蒙河段的水量平均每年约为7.50亿m³，但是有0.814亿t泥沙以支流入汇、风积沙（修正后结果）和孔兑入汇的形式进入宁蒙河段。另外，整个宁蒙河段引水引沙量分别为114.38亿m³和0.38亿t。由此充分说明，宁蒙河段的本地水沙异源主要是由支流、十大孔兑和风积沙等区间来水少、来沙多，以及引水多、引沙少造成的。

2. 宁蒙河段是黄河流域的水多沙少区

表2-2为宁蒙河段主要水文站及花园口站多年平均来水来沙情况统计表。由表可知，作为宁夏河段的进口控制站，下河沿站1951—2012年多年平均来水量为297.17亿m³，多年平均来沙量为1.21亿t，年平均流量942.31m³/s，年平均含沙量为4.06kg/m³。

表2-2　宁蒙河段主要水文站及花园口站1951—2012年多年平均来水来沙情况统计表

站名	时　段	水量/亿m³	沙量/亿t	流量/(m³/s)	含沙量/(kg/m³)
下河沿	1951—2012年	297.17	1.21	942.31	4.06
石嘴山	1951—2012年	275.44	1.19	873.40	4.33
头道拐	1951—2012年	213.76	1.01	677.84	4.74
花园口	1951—2012年	365.07	8.75	1157.63	23.97

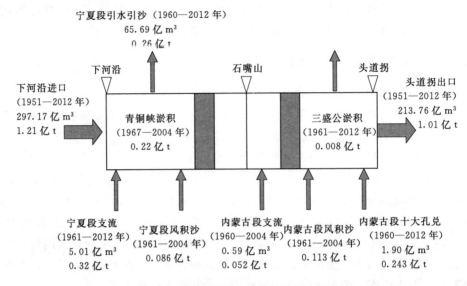

图 2-7　平均每年进出宁蒙河段水沙量分布

作为内蒙古河段的进口控制站，石嘴山站 1951—2012 年多年平均来水量为 275.44 亿 m³，多年平均来沙量为 1.19 亿 t，年平均流量 873.40m³/s，年平均含沙量为 4.33kg/m³；头道拐断面是宁蒙河段的出口控制站，同时又是黄河上游与中游的分界断面，具有承上启下的作用。头道拐站 1951—2012 年多年平均来水量为 213.76 亿 m³，多年平均来沙量为 1.01 亿 t，年平均流量 677.84m³/s，年平均含沙量为 4.74kg/m³。

宁夏河段下河沿—石嘴山河段水量减少 21.73 亿 m³，内蒙古河段石嘴山—头道拐河段水量减少 61.68 亿 m³，头道拐站水量比下河沿站减小 83.41 亿 m³，约减小 28.1%，水量沿程减少主要是沿程引水所致。宁夏河段下河沿—石嘴山河段沙量减少 0.02 亿 t，内蒙古河段石嘴山—头道拐河段沙量减少 0.18 亿 t，头道拐站沙量比下河沿站减小 0.20 亿 t，减小的百分比为 16.5%；宁夏河段下河沿—石嘴山河段含沙量增加 0.27kg/m³，内蒙古河段石嘴山—头道拐河段含沙量增加了 0.41kg/m³，头道拐站含沙量比下河沿站增加 0.68kg/m³，增大的百分比为 16.7%，沙量和含沙量的沿程变化主要是由支流来沙、沿黄引沙和风积沙以及河床的冲淤调整所致。

通过对比黄河下游进口控制站花园口站与宁蒙河段水沙量，黄河下游花园口站 1951—2012 年多年平均来水量和来沙量分别为 365.07 亿 m³ 和 8.75 亿 t。通过与花园口站来水来沙情况的对比可以看出：①黄河下游的来水中有 58.6% 的来自头道拐站以上，只有 11.5% 的来沙来自头道拐站以上；②相对于黄河下游而言，宁蒙河段属于黄河流域的多水少沙区。

3．宁蒙河段来水来沙年际变化大

宁蒙河段的来水来沙过程存在丰枯相间的年际变化，且年沙量的变化幅度远远大于年水量的变化幅度。图 2-8～图 2-10 分别为 1951—2012 年下河沿站年来水量、年来沙量和年平均含沙量变化过程。1967 年来水量最大，约为 509.13 亿 m³；1997 年来水量最小，仅为 188.66 亿 m³，前者是后者的 2.7 倍。1959 年来沙量最大，达 4.38 亿 t，2004 年来

14

沙量最小，仅为 0.22 亿 t，前者是后者的 19.9 倍。1959 年年平均含沙量最大，达 13.49kg/m³；2004 年年平均含沙量最小，仅为 1.03kg/m³，前者是后者的 13.1 倍。可见，年沙量的变化幅度远远大于年水量的变化幅度。且从图 2-8～图 2-10 中还可以看出，1986 年龙羊峡、刘家峡两库联合调度以来，除了个别年份外，其来水量和来沙量均小于多年平均值，即来水量和来沙量呈现较为明显地减少。

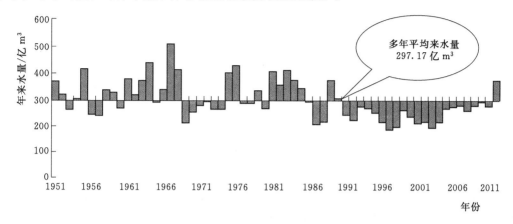

图 2-8　1951—2012 年下河沿站历年年来水量变化过程

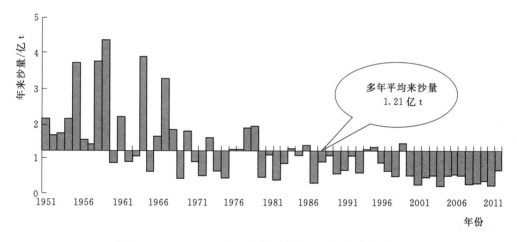

图 2-9　1951—2012 年下河沿站历年年来沙量变化过程

4. 水沙量年内分配不均匀

图 2-11 和图 2-12 分别为 1951—2012 年下河沿站汛期来水量、来沙量占全年来水来沙量比例的变化过程。下河沿站 1951—2012 年多年平均来水量为 297.17 亿 m³，其中汛期多年平均来水量为 155.36 亿 m³，占全年的 52.3%，汛期多年平均流量为 1461.92m³/s；非汛期多年平均来水量为 141.81 亿 m³，占全年的 47.7%，非汛期多年平均流量为 678.21m³/s，为汛期多年平均流量的 46.4%。下河沿站 1951—2012 年多年平均来沙量为 1.21 亿 t，其中汛期多年平均来沙量为 1.01 亿 t，占全年的 84.1%，汛期多年平均含沙量为 6.53kg/m³；非汛期多年平均来沙量为 0.19 亿 t，占全年的 15.9%，非汛期多年平均含沙量为 1.35kg/m³，只有汛期多年平均含沙量的 20.7%。

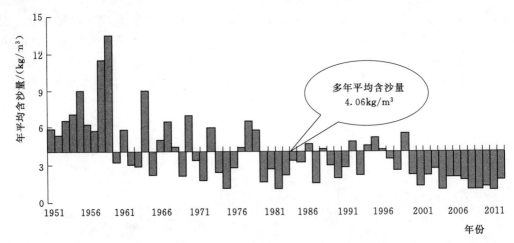

图 2-10 1951—2012 年下河沿站历年年平均含沙量变化过程

从图 2-11 和图 2-12 还可以看出，1968 年刘家峡水库投入运用以前，来水量主要集中于汛期，1969—1986 年刘家峡水库单独运用期间，汛期与非汛期来水量大致相当，1987—2012 年龙羊峡、刘家峡两库联合调度期间，汛期来水量小于非汛期。而 1951—2012 年除个别年份（1986 年、1991 年）外，下河沿站来沙主要集中于汛期，即汛期的来沙量均明显大于非汛期。

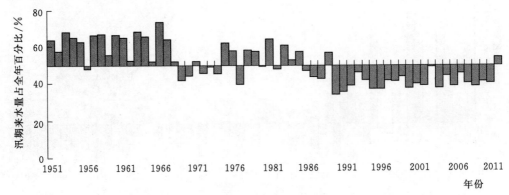

图 2-11 1951—2012 年下河沿站汛期来水量占全年来水量的比例

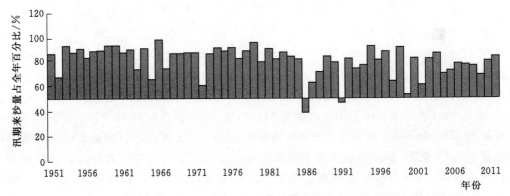

图 2-12 1951—2012 年下河沿站汛期来沙量占全年来沙量的比例

图 2-13 和图 2-14 分别为 1951—2012 年下河沿站多年月平均来水量、来沙量分布。从图 2-13 和图 2-14 中可以看出：①年内各月以 7 月、8 月、9 月、10 月水量最大，平均在 30 亿 m³ 以上，2 月水量最少仅 10.76 亿 m³，年内月水量的最大值为 40.15 亿 m³，是最小值的 3.7 倍；②8 月沙量最大为 0.439 亿 t，约占全年 1.21 亿 t 的 36.3%，其次分别为 7 月、9 月，5—10 月沙量总和 1.155 亿 t 占全年的 95.5%，由此也可以看出，沙量在时间上的不均匀性更胜于水量。

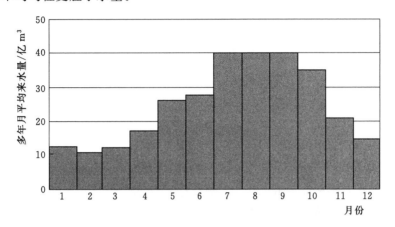

图 2-13 1951—2012 年下河沿站多年月平均来水量分布

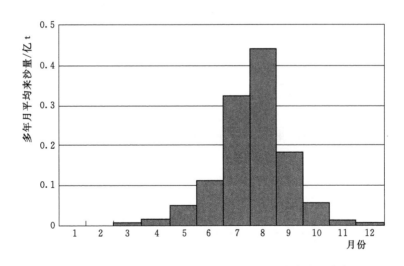

图 2-14 1951—2012 年下河沿站多年月平均来沙量分布

5. 洪水过程矮胖，洪峰和沙峰不对应

图 2-15 为下河沿站 1967 年日均流量、含沙量过程。从图中可以看出，1967 年 3 次洪水均呈现过程矮胖、峰值低、历时长，含沙量过程呈现沙峰尖瘦、历时短、含沙量大，且洪峰和沙峰不对应的特点。其中 8—9 月的洪水过程持续 1 个月以上，9 月 12 日下河沿站的洪峰流量最大，为 5180m³/s，而 8 月 27 日含沙量最大，为 42.86kg/m³。

6. 500～2000m³/s 流量出现的频率较高

表 2-3 为 1951—2012 年下河沿站全年、汛期各级流量出现的天数以及各级流量所携

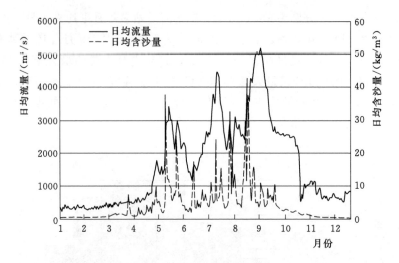

图 2-15　下河沿站 1967 年日均流量、含沙量过程

带的水沙量统计情况。由表可知：①汛期流量主要集中在 $500\sim2000\text{m}^3/\text{s}$，出现天数占总天数 80.45%，所挟带水量占 62.37%，所挟带沙量占 56.48%；②全年日均流量超过 $3000\text{m}^3/\text{s}$ 的天数平均每年有 7.22 天，占总天数的 1.98%；③全年 $2000\sim3000\text{m}^3/\text{s}$ 流量级出现天数占总天数的 4.62%，所携带水量占 12.09%，所携带沙量占 26.00%；④全年 $500\sim2000\text{m}^3/\text{s}$ 流量级出现天数占总天数的 73.68%，所携带水量占 71.83%，所携带沙量约占 60.80%。由此可见，宁蒙河段流量主要集中在 $500\sim2000\text{m}^3/\text{s}$ 流量级内。

表 2-3　　　1951—2012 年下河沿站全年、汛期各级流量出现的天数以及

各级流量所携带的水沙量统计表

流量级 /(m^3/s)	各流量级出现的天数/d				各流量级所携带的水量/亿 m^3				各流量级所携带的沙量/亿 t			
	全　年		汛　期		全　年		汛　期		全　年		汛　期	
	数值	比例/%	数值	比例/%	数值	比例/%	数值	比例/%	数值	比例/%	数值	比例/%
0～500	71.99	19.72	1.43	1.16	24.99	8.41	0.58	0.38	0.010	0.87	0	0
500～1000	178.69	48.96	46.55	37.84	112.78	37.95	33.74	21.72	0.212	17.55	0.15	14.29
1000～2000	90.22	24.72	52.41	42.61	100.67	33.88	63.15	40.65	0.521	43.25	0.43	42.19
2000～3000	16.88	4.62	15.55	12.64	35.94	12.09	34.60	22.27	0.313	26.00	0.30	29.08
3000～4000	6.11	1.67	5.96	4.85	18.29	6.15	18.65	12.00	0.118	9.81	0.12	11.36
>4000	1.11	0.31	1.11	0.90	4.50	1.52	4.64	2.98	0.030	2.53	0.03	3.08
总计	365.00	100.00	123.00	100.00	297.17	100.00	155.36	100.00	1.210	100.00	1.02	100.00

2.2　区间来水来沙变化过程

2.2.1　引水引沙特性

宁蒙河段下河沿至头道拐之间实测水沙量沿程减少，其减少量与区间的引水引沙量密

切相关。引水主要包括农业灌溉、工业用水、城镇生活用水等，其中宁夏河段下河沿—石嘴山河段的引水量集中在青铜峡坝上，内蒙古河段石嘴山—头道拐河段的引水量集中在三盛公拦河坝上游，其余河段的引水量很少。

1. 宁蒙河段引水引沙量统计

宁夏河段主要有七星渠、汉渠、秦渠和唐徕渠等引黄，排水沟主要包括清水沟、第一排水沟、第二排水沟、第三排水沟、第四排水沟和第五排水沟等。内蒙古河段有三大主引黄干渠：总干渠、沈乌干渠和南干渠。表 2-4 为宁蒙河段 1960—2012 年多年平均引水引沙量统计情况。由表可知，宁蒙河段多年平均引黄水量为 114.38 亿 m³，占下河沿多年平均来水量 297.17 亿 m³ 的 38.49%；引水的同时，也引走了部分泥沙，减少了进入以下河段的沙量，多年平均引黄沙量 0.38 亿 t，占下河沿多年平均来沙量 1.21 亿 t 的 31.4%。其中宁夏河段 1960—2012 年多年平均引黄水量为 65.69 亿 m³，占宁蒙河段总引水量的 57.4%；多年平均引黄沙量 0.26 亿 t，占宁蒙河段总引沙量的 68.4%。内蒙古河段多年平均引水量为 48.69 亿 m³，占宁蒙河段总引水量的 42.6%；多年平均引沙量为 0.12 亿 t，占宁蒙河段总引沙量的 31.6%。

表 2-4　宁蒙河段 1960—2012 年多年平均引水引沙量统计表

河段	水量/亿 m³			沙量/亿 t		
	汛期	非汛期	全年	汛期	非汛期	全年
宁夏河段	29.76	35.93	65.69	0.21	0.05	0.26
内蒙古河段	31.16	17.53	48.69	0.10	0.02	0.12
宁蒙河段	60.92	53.46	114.38	0.31	0.07	0.38

2. 宁蒙河段引水引沙特性

(1) 引水量呈增长趋势。图 2-16 和图 2-17 为 1960—2012 年宁蒙河段引水引沙量

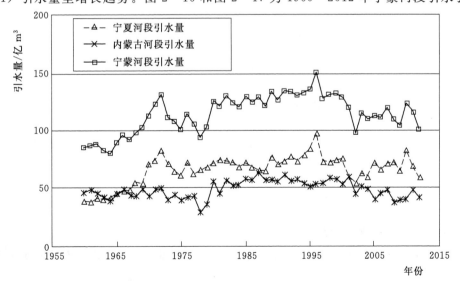

图 2-16　1960—2012 年宁蒙河段引水量历年变化过程

变化过程。由图 2-16 和图 2-17 可知，自 20 世纪 60 年代以来，宁蒙河段引水量呈增长趋势，据统计 1968 年以前宁蒙河段多年平均引水量 88.66 亿 m³，1969—1986 年刘家峡水库运用期间内蒙古河段多年平均引水量增加到 115.61 亿 m³，1987 年以后龙羊峡、刘家峡两库联合调度运用期间多年平均引水量进一步增加到 122.43 亿 m³，但从图中可以看出，2000 年以后引水量有所减少。

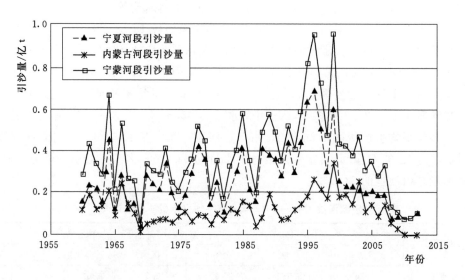

图 2-17　1960—2012 年宁蒙河段引沙量历年变化过程

宁蒙河段引沙量在 1969—1986 年刘家峡水库运用期间多年平均引沙量为 0.33 亿 t，1968 年以前为 0.36 亿 t。1987 年以后内蒙古河段引沙量也有增长的趋势，多年平均引沙量为 0.42 亿 t。从图 2-17 中还可以看出，2000 年以后引沙量明显减小。

（2）年内各月引水量差异大，年内引水水量分配不均匀。由表 3-4 可知，宁蒙河段多年平均引水量为 114.38 亿 m³，其中汛期多年平均引水量为 60.92 亿 m³，占全年的 53.26%；非汛期多年平均引水量为 53.46 亿 m³，占全年的 46.74%。宁蒙河段多年平均引沙量为 0.38 亿 t，其中汛期多年平均引沙量为 0.31 亿 t，占全年的 81.58%；非汛期多年平均引沙量为 0.07 亿 t，只占全年的 18.42%。

图 2-18 为 1960—2012 年宁蒙河段平均每月引水量占全年的比例。从图中可以看出，宁蒙河段各时段引水量的年内分配不均匀，基本上每年 4 月开始引水，至 11 月止，引水主要集中在 5—10 月，占全年引水量 88.19%，5 月引水量最大，其次为 6 月、7 月和 10 月，8 月、9 月、11 月引水量相对较少。

2.2.2　支流与十大孔兑来水来沙特性

1. 宁蒙河段支流来水来沙特性

宁夏河段较大的支流有清水河、红柳沟、苦水河和都思兔河；内蒙古河段支流主要有昆都仑河、五当沟两条支流。表 2-5 为宁蒙河段支流 1960—2012 年多年平均来水来沙量统计情况。

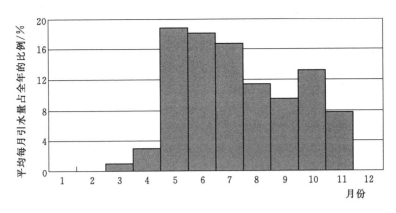

图 2-18　1960—2012 年宁蒙河段平均每月引水量占全年的比例

表 2-5　　　宁蒙河段支流 1960—2012 年多年平均来水来沙量统计表

河段	水量/亿 m³			沙量/亿 t		
	汛期	非汛期	全年	汛期	非汛期	全年
宁夏河段	2.69	2.32	5.01	0.28	0.04	0.32
内蒙古河段	0.33	0.26	0.59	0.04	0.01	0.05
宁蒙河段	3.02	2.58	5.60	0.32	0.05	0.37

　　由表 2-5 可知，宁蒙河段支流来水来沙表现为水少沙多。宁蒙河段支流多年平均来水量为 5.60 亿 m³，仅为下河沿站多年平均来水量 297.17 亿 m³ 的 1.9% 左右；多年平均来沙量为 0.37 亿 t，却占下河沿站多年平均来沙量 1.21 亿 t 的 30.6%。其中宁夏河段1960—2012 年支流多年平均来水量为 5.01 亿 m³，约占宁蒙河段支流总来水量的 89.5%；多年平均来沙量 0.32 亿 t，占宁蒙河段支流总来沙量的 86.5%。内蒙古河段支流多年平均来水量为 0.59 亿 m³，占宁蒙河段支流总来水量的 10.5%；多年平均来沙量为 0.05 亿 t，占宁蒙河段支流总来沙量的 13.5%。宁蒙河段支流汛期多年平均来水量和来沙量分别为 3.02 亿 m³ 和 0.32 亿 t，分别约占支流年均来水量和年均来沙量的 53.9% 和 86.5%。其中宁夏河段支流汛期年均来水量和来沙量分别为 2.69 亿 m³ 和 0.28 亿 t，分别约占宁夏河段支流多年平均来水量和来沙量的 53.7% 和 87.5%；内蒙古河段支流汛期年均来水量和来沙量分别为 0.33 亿 m³ 和 0.04 亿 t，分别约占内蒙古河段支流多年平均来水量和来沙量的 55.9% 和 80.0%。

　　综上所述，宁夏河段支流来水量要明显多于内蒙古河段支流来水量，其汛期来水量又明显多于非汛期；而宁蒙河段支流来沙量主要集中在宁夏河段，其约 87.5% 又集中在汛期。

　　2. 内蒙古河段十大孔兑来水来沙特性

　　(1) 来水来沙年内分配不均匀。内蒙古河段十大孔兑包括毛不浪沟、仆尔色太沟、黑赖沟、西柳沟、罕台川、壕庆河、哈什拉川、木哈河、东柳沟、呼斯太沟等，其中已有实测资料的孔兑只有 3 个，即毛不浪沟、西柳沟、罕台川，其他 7 条孔兑的水沙资料为根据输沙模数计算的成果。表 2-6 为 1960—2012 年内蒙河段十大孔兑多年平均来水来沙量统

计表。由表 2 - 6 可见,1960—2012 年,十大孔兑多年平均来水量和来沙量分别为 1.899
亿 m³ 和 0.243 亿 t,其中汛期来水量和来沙量分别为 1.228 亿 m³ 和 0.239 亿 t,分别占
全年的 64.7%和 98.4%,由此表明,十大孔兑入黄沙量主要集中于汛期 7—10 月,这是
因为十大孔兑入黄沙量主要是通过暴雨洪水进行输送的,而十大孔兑的暴雨主要集中于汛
期中历时较短的几场洪水中。

表 2 - 6　　　　内蒙古河段十大孔兑 1960—2012 年多年平均来水来沙量统计表

河段	水量/亿 m³			沙量/亿 t		
	汛期	非汛期	全年	汛期	非汛期	全年
内蒙古河段	1.228	0.671	1.899	0.239	0.004	0.243

　　(2) 十大孔兑入黄沙量年际间变化很大。图 2 - 19 为十大孔兑 1960—2012 年历年入
黄沙量过程。由图 2 - 19 可见,十大孔兑入黄沙量年际间变化很大,其中 1989 年十大孔
兑入黄沙量高达 2.59 亿 t,而 2011 年入黄沙量最小,仅有 8.7 万 t。产生上述现象的原因
是十大孔兑的泥沙主要是通过暴雨洪水的形式输送到黄河干流的,一次洪水的输沙量就能
占到年沙量的 35%以上,最高的可达到 88.9%~99.8%,而十大孔兑的降雨量年际变化
很大,如西柳沟年降雨量最高可达到 488.9mm,最小只有 128.4mm。

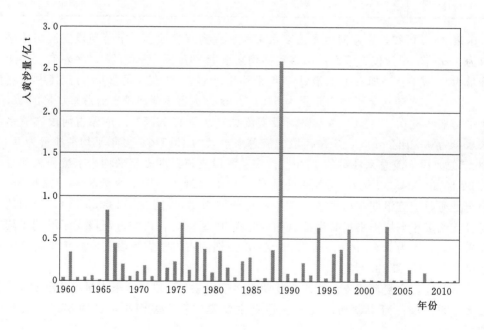

图 2 - 19　十大孔兑 1960—2012 年历年入黄沙量过程

　　(3) 十大孔兑洪水具有峰高量小、陡涨陡落的特点。十大孔兑河短坡陡,干旱少雨。
降雨主要以暴雨为形式出现,暴雨产生峰高量小、陡涨陡落的高含沙洪水。图 2 - 20 为
1989 年 7 月 21 日毛不浪沟发生的洪水过程线。由图可见,洪水和沙峰涨落时间很短,一
般只有 10h 左右。

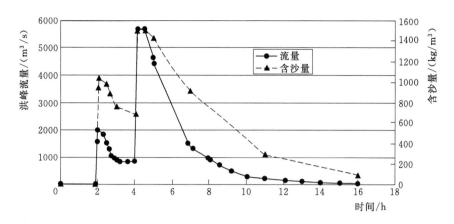

图 2-20　1989 年 7 月 21 日毛不浪沟发生的洪水过程线

（4）十大孔兑来沙量大，易造成淤堵黄河现象。由表 2-6 可知，内蒙古河段十大孔兑多年平均来沙量为 0.243 亿 t。其来沙量大，干流对支流高含沙洪水的稀释作用减弱，使水沙关系更不协调，淤堵黄河的机会增加。据统计，自 1960—2012 年的 53 年间，位于西柳沟入黄口的昭君坟段，多次发生堵塞现象。影响较大的有 10 次，基本上是四五年发生一次。其中 1989 年 7 月 21 日黄河支流十大孔兑，因暴雨产生径流量为 2.5 亿 m^3、输沙量为 1.13 亿 t 的高含沙洪水，一部分泥沙堆积在支流下游，还有相当一部分泥沙淤积在入黄口附近和黄河干流河滩及主槽内。在黄河干流形成长 60～1000m、宽约 7km、滩面上沙坝高 0.5～2.0m、主槽形成高 4m 以上的大沙坝，使昭君坟水位壅高 2.18m，回水 7km，历时 25 天，在此时段内排出的沙量仅 0.13 亿 t。该河段当年淤积严重，沿程同流量水位普遍抬高。产生这种现象的原因，除与入黄汇合处的边界条件及支流洪水的水沙条件密切相关外，还受干流来水大小的影响。若上游来水流量较大，则水流挟沙能力及冲刷能力较强，即使形成沙坝，其体积也较小并且易冲蚀消失。若支流发生暴雨洪水时，干流来水流量较小，形成沙坝侵占河道，极易形成灾害。如 2003 年大河湾堤防决口，就是支流来沙淤堵干流造成的。因此，淤堵黄河现象必须引起足够的重视。

2.2.3　风积沙量及其对黄河干流的影响

黄河宁蒙河段穿行或绕行于我国北方半干旱向干旱地区的过渡地带，该地带是以断陷盆地、褶皱山地及鄂尔多斯台地为主的地质结构，加之水流的长期侵蚀作用，堆积形成了一束一放的葫芦状地貌，如图 2-21 所示。该风沙区干旱少雨，且大风频繁，两岸的风沙活动强烈，直接进入河道，严重影响黄河的泥沙量。

1. 入黄风积沙量统计

根据中国科学院《黄土高原地区北部风沙区土地沙漠化综合治理》的研究成果，黄河水利委员会设计院通过对风积沙的沿程入黄沙量进行分析，认为宁蒙河段的风积沙加入的量有些偏大，并分别采用断面法和输沙率法对宁蒙河段淤积量进行计算对比，进而对宁蒙河段入黄风积沙进行修正。表 2-7 所示为修正后的多年平均入黄风积沙量。

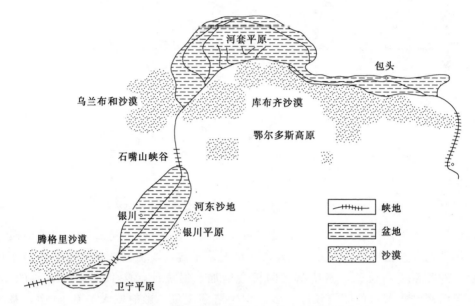

图 2-21　黄河宁蒙河段峡谷、盆地与沙漠分布图

表 2-7　　　　　　　宁蒙河段风积沙修正后的多年平均入黄沙量　　　　　　单位：亿 t/a

河　段	汛　期	非汛期	全　年
下河沿—石嘴山	0.016	0.07	0.086
石嘴山—巴彦高勒	0.0142	0.058	0.0722
巴彦高勒—三湖河口	0.0053	0.0354	0.0407
三湖河口—头道拐	0	0	0
下河沿—头道拐	0.035	0.163	0.199

　　由表 2-7 可见，宁蒙河段多年平均入黄风沙量为 0.199 亿 t，其中汛期和非汛期入黄沙量分别为 0.035 亿 t 和 0.163 亿 t，分别占入黄总风积沙量的 17.6% 和 82.4%。由此表明，入黄风积沙量主要集中在非汛期。若按河段来看，宁夏河段年均入黄沙量为 0.086 亿 t，占全部风积沙入黄总量的 43.2%；内蒙古河段年均入黄沙量为 0.113 亿 t，占全部风沙入黄总量的 56.8%。

　　2. 入黄风积沙主要集中于春季

　　黄河石嘴山—磴口河段两岸为强烈的风蚀区，其间草、灌丛沙堆、片状流沙、流动沙丘及沙砾地广布，尤其是磴口阎王背—乌海段的西北部乌兰布和沙漠，风沙活动频繁，流沙在风力作用下大量吹入黄河。图 2-22 为黄河宁蒙河段典型代表站磴口站风沙天数年内变化情况。由图 2-22 可见，年内入黄风积沙主要集中在春季，尤其是 4 月、5 月。原因是黄河风沙段处于北温带内，每年春末夏初，冷热气团频繁交替，风沙活动最为频繁，不仅风大，而且持续时间长。

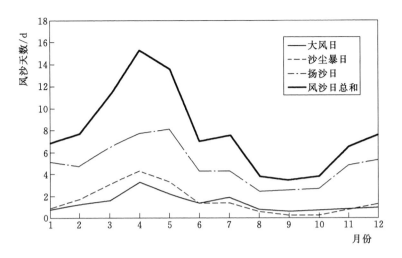

图 2-22 黄河宁蒙河段磴口风沙天数年内变化

2.3 不同时期宁蒙河段来水来沙变化的特点

综合考虑宁蒙河段来水来沙变化特点和黄河干流水库运用情况，将 1951—2012 年大体上划分为 3 个典型的水沙时段：1951—1968 年刘家峡水库运用以前、1969—1986 年刘家峡水库运用期和 1987—2012 年龙羊峡、刘家峡两库联合调度期。

2.3.1 刘家峡水库运用前

1951—1968 年刘家峡水库运用以前，宁蒙河段引水量少，其来水来沙特点主要表现在以下几个方面。

1. 来水量大

1951—1968 年刘家峡水库运用以前，宁蒙河段主要水文站多年平均来水来沙情况统计，见表 2-8。由表 2-8 可见，该时段宁蒙河段来水量较大，作为进口控制站的下河沿站，1951—1968 年多年平均来水量为 338.87 亿 m³，较 1951—2012 年多年平均来水量 297.17 亿 m³ 偏大 41.7 亿 m³，偏大 14.0%；多年平均来沙量为 2.15 亿 t，较 1951—2012 年多年平均来沙量 1.21 亿 t 偏大 0.94 亿 t，偏大 77.7%；年平均流量 1071.89m³/s，年平均含沙量为 6.24kg/m³。

表 2-8　　宁蒙河段主要水文站 1951—1968 年多年平均来水来沙情况统计表

站名	时　段	水量/亿 m³	沙量/亿 t	流量/(m³/s)	含沙量/(kg/m³)
下河沿	1951—1968 年	338.87	2.15	1071.89	6.24
石嘴山	1951—1968 年	324.08	2.05	1026.91	6.35
头道拐	1951—1968 年	263.96	1.76	836.39	6.46

作为内蒙古河段进口控制站的石嘴山站，1951—1968 年多年平均来水量为 324.08 亿 m³，较 1951—2012 年多年平均来水量 275.44 亿 m³ 偏大 48.64 亿 m³，偏大 17.7%；多

年平均来沙量为 2.05 亿 t，较 1951—2012 年多年平均来沙量 1.19 亿 t 偏大 0.86 亿 t，偏大 72.3%；年平均流量 1026.91m³/s，年平均含沙量为 6.35kg/m³。

宁蒙河段的出口控制站头道拐站，1951—1968 年多年平均来水量为 203.96 亿 m³，较 1951—2012 年多年平均来水量 213.76 亿 m³ 偏大 50.2 亿 m³，偏大 23.5%；多年平均来沙量为 1.76 亿 t，较 1951—2012 年多年平均来沙量 1.01 亿 t 偏大 0.75 亿 t，偏大 74.3%；年平均流量 836.39m³/s，年平均含沙量为 6.46kg/m³。

2. 水沙量年内分配不均匀，来水来沙主要集中在汛期

1951—1968 年刘家峡水库运用以前，下河沿站多年平均来水量为 338.87 亿 m³，其中汛期多年平均来水量为 209.93 亿 m³，占全年的 62.0%，汛期多年平均流量为 1975.38m³/s；非汛期多年平均来水量为 128.94 亿 m³，占全年的 38.0%，非汛期多年平均流量为 615.92m³/s，不足汛期多年平均流量的 1/3。

1951—1968 年刘家峡水库运用以前，下河沿站多年平均来沙量为 2.15 亿 t，其中汛期多年平均来沙量为 1.87 亿 t，占全年的 87.0%，汛期多年平均含沙量为 8.85kg/m³；非汛期多年平均来沙量为 0.28 亿 t，占全年的 13.0%，非汛期多年平均含沙量为 2.09kg/m³，不足汛期多年平均含沙量的 1/4。

图 2-23、图 2-24 分别为 1951—1968 年刘家峡水库运用以前，下河沿站多年月平均

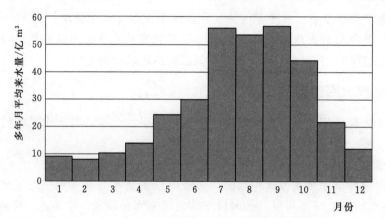

图 2-23　下河沿站 1951—1968 年多年月平均来水量分布

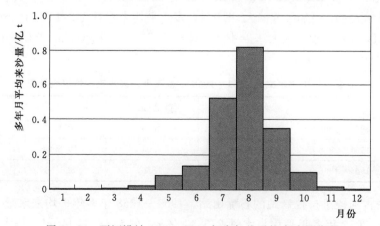

图 2-24　下河沿站 1951—1968 年多年月平均来沙量分布

来水量、来沙量分布图。由图 2-23 和图 2-24 可见：①年内各月以 7 月、8 月、9 月水量最大，平均在 50 亿 m³ 以上，2 月水量最少只有 7.95 亿 m³；②8 月沙量最大为 0.821 亿 t，约占全年的 38.2%，其次分别为 7 月、9 月。

上述分析表明，1951—1968 年刘家峡水库运用以前，宁蒙河段来水来沙量在时间上的分布不均匀，主要集中在汛期。

3. 2000m³/s 以上流量出现天数及所携带水沙量明显多于多年平均情况

表 2-9 为 1951—1968 年刘家峡水库运用以前，下河沿站全年、汛期各级流量出现的天数以及各级流量所携带的水沙量统计情况，图 2-25 为下河沿站不同时段全年各流量级出现的天数、携带水量、携带沙量。由表 2-9 和图 2-25 中可见：①1951—1968 年刘家峡水库运用以前，下河沿站全年各级流量出现的天数以及各级流量所携带的水量、沙量除了 500～1000m³/s 流量级小于 1951—2012 年多年平均情况以外，其余各流量级出现的天数以及所携带的水量、沙量均大于 1951—2012 年多年平均情况。②1951—1968 年刘家峡水库运用以前，下河沿站 500～1000m³/s 流量级出现的天数为 79.03 天，只有 1951—2012 年多年平均情况 178.69 天的 44.2%，0～500m³/s、1000～2000m³/s、2000～3000m³/s、3000～4000m³/s 和大于 4000m³/s 流量级出现的天数分别为 119.72 天、98.54 天、50.34 天、14.16 天、3.21 天，分别比 1951—2012 年多年平均情况多 71.99 天、90.22 天、16.88 天、6.11 天、1.11 天，分别多 0.66 倍、0.09 倍、1.98 倍、1.32 倍、1.88 倍。③1951—1968 年刘家峡水库运用以前，下河沿站 500～1000m³/s 流量级所携带的水量为 44.25 亿 m³，只有 1951—2012 年多年平均情况 112.78 亿 m³ 的 39.2%，0～500m³/s、1000～2000m³/s、2000～3000m³/s、3000～4000m³/s 和大于 4000m³/s 流量级所携带的水量分别为 35.21 亿 m³、112.37 亿 m³、96.82 亿 m³、38.46 亿 m³、11.76 亿 m³，分别比 1951—2012 年多年平均情况多 10.22 亿 m³、11.70 亿 m³、60.88 亿 m³、20.17 亿 m³、7.26 亿 m³，分别多 0.41 倍、0.12 倍、1.69 倍、1.10 倍、1.61 倍。④1951—1968 年刘家峡水库运用以前，下河沿站 500～1000m³/s 流量级所携带的沙量为 0.075 亿 t，只有 1951—2012 年多年平均情况 0.212 亿 t 的 35.4%，0～500m³/s、1000～2000m³/s、2000～3000m³/s、3000～4000m³/s 和大于 4000m³/s 流量级所携带的沙量分别为 0.019 亿、0.628 亿 t、1.042 亿 t、0.289 亿 t、0.097 亿 t，分别比 1951—2012 年多年平均情况多了 0.82 倍、0.20 倍、2.32 倍、1.44 倍、2.18 倍。

表 2-9　　　　1951—1968 年下河沿站全年、汛期各级流量出现的天数以及
各级流量所携带的水沙量统计表

流量级 /(m³/s)	各流量级出现的天数/d				各流量级携带的水量/亿 m³				各流量级携带的沙量/亿 t			
	全　年		汛　期		全　年		汛　期		全　年		汛　期	
	数值	比例/%	数值	比例/%	数值	比例/%	数值	比例/%	数值	比例/%	数值	比例/%
0～500	119.72	32.80	0.67	0.54	35.21	10.39	0.23	0.11	0.019	0.88	0	0
500～1000	79.03	21.65	8.44	6.86	44.25	13.06	5.78	2.75	0.075	3.49	0.020	1.070
1000～2000	98.54	27.00	55.00	44.72	112.37	33.16	69.21	32.97	0.628	29.21	0.468	25.03
2000～3000	50.34	13.79	43.00	34.96	96.82	28.57	86.58	41.24	1.042	48.47	0.999	53.42
3000～4000	14.16	3.88	12.89	10.48	38.46	11.35	36.65	17.46	0.289	13.44	0.287	15.35
>4000	3.21	0.88	3.00	2.44	11.76	3.47	11.48	5.47	0.097	4.51	0.096	5.13
总　计	365.00	100.00	123.00	100.00	338.87	100.00	209.93	100.00	2.15	100.00	1.87	100.00

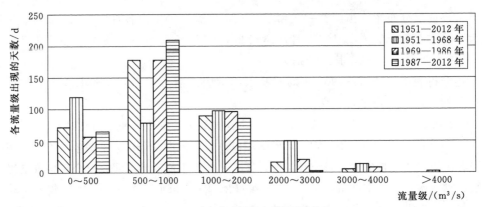

（a）全年各流量级出现的天数统计

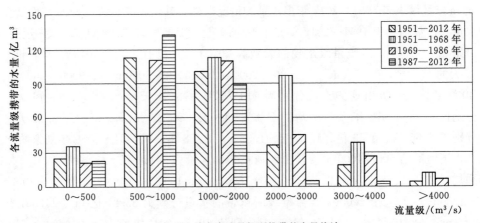

（b）全年各流量级所携带的水量统计

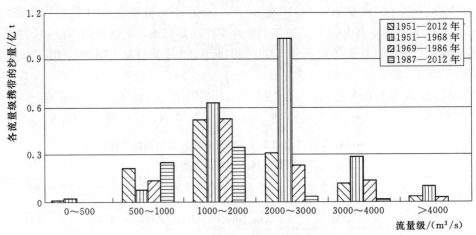

（c）全年各流量级所携带的沙量统计

图 2-25　下河沿站不同时段全年各流量级出现的天数、携带水量、携带沙量

　　图 2-26 为下河沿站不同时段汛期各流量级出现的天数、携带水量、携带沙量。从表 2-9 和图 2-26 中可见：①1951—1968 年刘家峡水库运用以前，下河沿站汛期各级流量出现的天数以及各级流量所携带的水量、沙量除了 0～500m³/s、500～1000m³/s 流量级

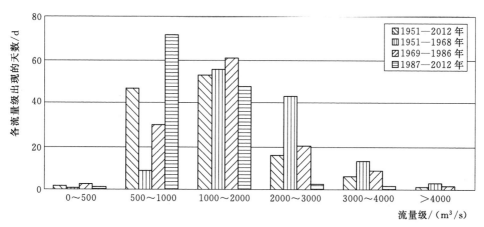

（a）汛期各流量级出现的天数统计

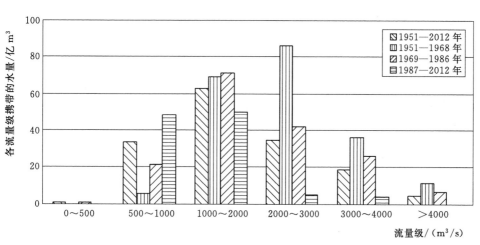

（b）汛期各流量级所携带的水量统计

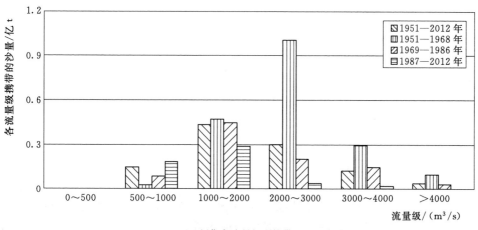

（c）汛期各流量级所携带的沙量统计

图 2-26   下河沿站不同时段汛期各流量级出现的天数、携带水量、携带沙量

小于 1951—2012 年多年平均情况以外，其余各流量级出现的天数以及所携带的水量、沙量均大于 1951—2012 年多年平均情况。②1951—1968 年刘家峡水库运用以前，下河沿站 0～500m³/s、500～1000m³/s 流量级出现的天数分别为 0.67 天、8.44 天，分别为 1951—2012 年多年平均情况 1.43 天、46.55 天的 46.9%、18.1%，1000～2000m³/s、2000～3000m³/s、3000～4000m³/s 和大于 4000m³/s 流量级出现的天数分别为 55 天、43 天、12.89 天、3 天，分别比 1951—2012 年多年平均情况多 2.59 天、27.45 天、6.93 天、1.89 天，分别多 0.05 倍、1.77 倍、1.16 倍、1.71 倍。③1951—1968 年刘家峡水库运用以前，下河沿站 0～500m³/s、500～1000m³/s 流量级所携带的水量分别为 0.23 亿 m³、5.78 亿 m³，只有 1951—2012 年多年平均情况 0.58 亿 m³、33.74 亿 m³ 的 39.3%、17.1%，1000～2000m³/s、2000～3000m³/s、3000～4000m³/s 和大于 4000m³/s 流量级所携带的水量分别为 69.21 亿 m³、86.58 亿 m³、36.65 亿 m³、11.48 亿 m³，分别比 1951—2012 年多年平均情况多 6.06 亿 m³、51.98 亿 m³、18.00 亿 m³、6.85 亿 m³，分别多 0.10 倍、1.50 倍、0.97 倍、1.48 倍。④经统计，1951—2012 年下河沿站汛期 0～500m³/s 流量级基本上无法输送泥沙。1951—1968 年刘家峡水库运用以前，下河沿站 500～1000m³/s 流量级所携带的沙量为 0.02 亿 t，只有 1951—2012 年多年平均情况 0.15 亿 t 的 13.7%，1000～2000m³/s、2000～3000m³/s、3000～4000m³/s 和大于 4000m³/s 流量级所携带的沙量分别为 0.468 亿 t、0.999 亿 t、0.287 亿 t、0.096 亿 t，分别比 1951—2012 年多年平均情况多 0.038 亿 t、0.703 亿 t、0.171 亿 t、0.065 亿 t，分别多 0.09 倍、2.37 倍、1.48 倍、2.06 倍。

综上分析可知：①1951—1968 年刘家峡水库运用以前，下河沿站 1000m³/s 以上流量出现的天数以及各级流量所携带的水量、沙量均大于 1951—2012 年多年平均情况，尤其是 2000m³/s 以上流量的情况更为明显，其中全年 2000m³/s 以上流量出现天数及所携带水量、沙量分别比 1951—2012 年多年平均情况多 1.81 倍、1.50 倍、2.09 倍，汛期 2000m³/s 以上流量出现天数及所携带水量、沙量分别比 1951—2012 年多年平均情况多 1.60 倍、1.33 倍、2.12 倍。②全年 0～500m³/s 流量级天数平均每年 119.72 天，占全年总天数的 32.80%，所携带水量占全年的 10.39%，所携带沙量仅为全年的 0.88%。③全年 500～1000m³/s 流量级出现天数平均每年 79.03 天，占全年总天数的 21.65%，所携带水量占全年的 13.06%，所携带沙量只占全年的 3.49%。④全年 2000～3000m³/s 流量级出现天数占总天数的 13.79%，所携带水量占 28.57%，所携带沙量占 48.47%，可见 2000～3000m³/s 流量级的输沙效率较高。⑤汛期各流量级出现的天数主要集中于 1000～3000m³/s，出现天数占全年总天数的 79.68%，所携带水量占全年的 74.21%，所携带沙量占全年的 78.45%。

2.3.2　刘家峡水库运用后

1969—1986 年为刘家峡水库运用期，水库汛期蓄水拦沙，削减洪峰，中水历时增加，输沙能力降低；非汛期泄水，改变了天然年内的水量分配。

1. 来沙量减少幅度大

表 2-10 为宁蒙河段主要水文站 1969—1986 年多年平均来水来沙情况统计表。由表

2－10 可见，在 1969—1986 年刘家峡水库投入运用至龙羊峡水库运用前，作为宁夏河段的进口控制站的下河沿站，多年平均来水量为 318.80 亿 m³，约为刘家峡水库运用以前来水量的 94.1%；多年平均来沙量为 1.07 亿 t，仅为刘家峡水库运用以前来沙量的 49.8%，来沙量减少的幅度较大；年平均流量 1012.59m³/s，年平均含沙量为 3.47kg/m³。

表 2－10　　宁蒙河段主要水文站 1969—1986 年多年平均来水来沙情况统计表

站名	时　段	水量/亿 m³	沙量/亿 t	流量/(m³/s)	含沙量/(kg/m³)
下河沿	1969—1986 年	318.80	1.07	1012.59	3.47
石嘴山	1969—1986 年	295.91	0.97	937.71	3.23
头道拐	1969—1986 年	237.47	1.09	752.49	4.42

　　来沙量减少的幅度大的主要原因是刘家峡水库的运用拦截了大部分入库泥沙。据统计，刘家峡水库运用以来至 1986 年累计淤积泥沙 10 亿 t，使得进入下游的来沙量大幅减少。

　　作为内蒙古河段进口控制站的石嘴山站，刘家峡水库运用期（1969—1986 年）多年平均来水量为 295.91 亿 m³，约为刘家峡水库运用以前来水量的 91.3%；多年平均来沙量为 0.97 亿 t，约为刘家峡水库运用以前来沙量 2.05 亿 t 的 47.3%；年平均流量 937.71m³/s，年平均含沙量为 3.23kg/m³。

　　内蒙古河段的出口控制站头道拐站，刘家峡水库运用期（1969—1986 年）多年平均来水量为 237.47 亿 m³，约为刘家峡水库运用以前来水量 263.96 亿 m³ 的 90.0%；多年平均来沙量为 1.09 亿 t，约为刘家峡水库运用以前来沙量 1.78 亿 t 的 61.2%；年平均流量 752.49m³/s，年平均含沙量为 4.42kg/m³。

　　从沿程水沙变化情况来看，刘家峡水库运用期（1969—1986 年）宁夏河段石嘴山站水量比下河沿站少 22.89 亿 m³，减小 7.2%，内蒙古河段头道拐站水量比石嘴山站少 58.44 亿 m³，减小 19.7%；头道拐站水量比下河沿站少 81.33 亿 m³，减小 25.5%。沿程减少的幅度较刘家峡水库运用以前有所增加，也主要是因为沿程引水量也有所增加。据统计，1969—1986 年刘家峡水库运用期间宁蒙河段多年平均引水量 88.64 亿 m³。宁夏河段石嘴山站沙量比下河沿站少 0.10 亿 t，该河段引沙和支流来沙大体相当，沙量减少的原因主要与该河段的淤积有关；内蒙古河段头道拐站沙量比石嘴山站多 0.12 亿 t。

　　2. 水沙量年内分配发生变化，汛期来水量占全年来水量的比例有所减少

　　刘家峡水库运用期（1969—1986 年）下河沿站多年平均来水量为 318.80 亿 m³，其中汛期多年平均来水量为 169.13 亿 m³，占全年的 53.1%。汛期来水量占全年来水量的比例较刘家峡水库运用以前有所减少，为刘家峡水库运用以前 209.93 亿 m³ 的 80.6%；汛期多年平均流量为 1591.48m³/s；非汛期多年平均来水量为 149.67 亿 m³，占全年的 46.9%，较刘家峡水库运用以前 128.94 亿 m³ 偏大 20.73 亿 m³，偏大 16.1%；非汛期多年平均流量为 715.12m³/s。

　　刘家峡水库运用期（1969—1986 年）下河沿站多年平均来沙量为 1.07 亿 t，其中汛期多年平均来沙量为 0.89 亿 t，占全年的 83.2%，约为刘家峡水库运用以前汛期多年平均来沙量 1.87 亿 t 的 47.6%；汛期多年平均含沙量为 5.66kg/m³；非汛期多年平均来沙量为 0.18 亿 t，占全年的 16.8%，约为刘家峡水库运用以前同期来沙量 0.28 亿 t 的

64.3％；非汛期多年平均含沙量为 1.17kg/m³。

图 2－27 和图 2－28 分别为 1969—1986 年刘家峡水库运用期，下河沿站多年月平均来水量、来沙量分布。

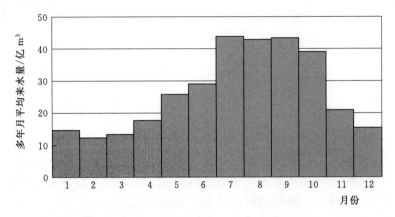

图 2－27　1969—1986 年下河沿站多年月平均来水量分布

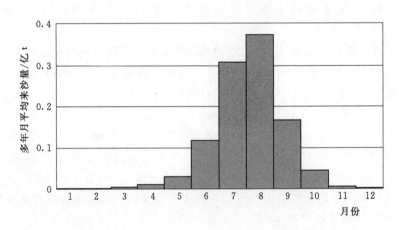

图 2－28　1969—1986 年下河沿站多年月平均来沙量分布

由图 2－27 和图 2－28 可见：①年内各月以 7 月、8 月、9 月、10 月水量最大，平均在 30 亿 m³ 左右，但均小于建库前多年平均情况，2 月水量最少为 12.32 亿 m³；②8 月沙量最大为 0.375 亿 t，约占全年的 35.0％，其次分别为 7 月、9 月。

以上分析表明，刘家峡水库运用期（1969—1986 年）下河沿站来水来沙量在时间上的分布仍表现为不均匀，主要集中在汛期 7—10 月。但是汛期来水量占全年来水量的比例小于建库前多年平均情况。原因在于 1969—1986 年刘家峡水库单库运行时期，10 月底水库蓄至正常蓄水位 1735m，11 月至次年 6 月结合防凌、灌溉、发电安排运用，7—10 月库水位控制在防洪限制水位 1726m 以下。运用结果表明，6—10 月年均蓄水量 28.65 亿 m³，9 月蓄水量最大为 10.53 亿 m³；11 月至次年 5 月泄水，年均泄水 26.5 亿 m³，1 月泄水量最大为 6.37 亿 m³。刘家峡水库调节的结果，使得水库下游的年内水量分配发生变化，汛期水量较刘家峡水库运用前明显减少，非汛期水量则有所增加。另外，由于青铜峡水库的拦沙作用，沙量集中在汛期下泄，非汛期基本为清水，所以汛期来沙量占全年来沙量的比例变化不明显。

3. 2000m³/s 以上流量出现天数及所携带水沙量较刘家峡水库运用以前明显减少

表 2-11 为 1969—1986 年下河沿站全年、汛期各级流量出现的天数以及各级流量所携带的水沙量统计情况。从表 2-11 和图 2-25 中可见：①1969—1986 年刘家峡水库运用期间，下河沿站全年各级流量出现的天数以及各级流量所携带的水量、沙量除了 500～1000m³/s 流量级大于 1951—1968 年刘家峡水库运用以前，其余各流量级出现的天数以及所携带的水量、沙量均小于 1951—1968 年刘家峡水库运用以前。②1969—1986 年刘家峡水库运用期间，下河沿站 500～1000m³/s 流量级出现的天数为 179.16 天，比 1951—1968 年刘家峡水库运用以前多 100.13 天，多 1.27 倍，0～500m³/s、1000～2000m³/s、2000～3000m³/s、3000～4000m³/s 和大于 4000m³/s 流量级出现的天数分别为 57.12 天、97.15 天、21.16 天、8.74 天、1.67 天，分别比 1951—1968 年刘家峡水库运用以前减少 62.6 天、1.39 天、29.18 天、5.42 天、1.54 天，分别减少 52.29％、1.41％、57.97％、38.28％、47.98％。③1969—1986 年刘家峡水库运用期间，下河沿站 500～1000m³/s 流量级所携带的水量为 110.51 亿 m³，比 1951—1968 年刘家峡水库运用以前多 66.26 亿 m³，多 1.50 倍，0～500m³/s、1000～2000m³/s、2000～3000m³/s、3000～4000m³/s 和大于 4000m³/s 流量级所携带的水量分别为 20.74 亿 m³、109.66 亿 m³、44.9 亿 m³、26.35 亿 m³、6.64 亿 m³，分别比 1951—1968 年刘家峡水库运用以前减少 14.37 亿 m³、2.71 亿 m³、51.92 亿 m³、12.11 亿 m³、5.12 亿 m³，分别减少 41.1％、2.41％、53.63％、31.49％、43.54％。④1969—1986 年刘家峡水库运用期间，下河沿站 500～1000m³/s 流量级所携带的沙量为 0.137 亿 t，比 1951—1968 年刘家峡水库运用以前多 0.062 亿 t，多 0.83 倍，0～500m³/s、1000～2000m³/s、2000～3000m³/s、3000～4000m³/s 和大于 4000m³/s 流量级所携带的沙量分别为 0.005 亿 t、0.526 亿 t、0.235 亿 t、0.138 亿 t、0.029 亿 t，分别比 1951—1968 年刘家峡水库运用以前减少 0.014 亿 t、0.102 亿 t、0.807 亿 t、0.151 亿 t、0.068 亿 t，分别减少 73.68％、16.24％、77.44％、52.25％、70.1％。

表 2-11　　　　1969—1986 年下河沿站全年、汛期各级流量出现的天数
以及各级流量所携带的水沙量统计表

流量级 /(m³/s)	各流量级出现的天数/d				各流量级所携带的水量/亿 m³				各流量级所携带的沙量/亿 t			
	全　年		汛　期		全　年		汛　期		全　年		汛　期	
	数值	比例/%	数值	比例/%	数值	比例/%	数值	比例/%	数值	比例/%	数值	比例/%
0～500	57.12	15.65	2.44	1.98	20.74	6.51	0.95	0.56	0.005	0.47	0	0
500～1000	179.16	49.08	29.84	24.26	110.51	34.66	21.36	12.63	0.137	12.80	0.08	8.99
1000～2000	97.15	26.62	60.39	49.10	109.66	34.40	71.31	42.16	0.526	49.16	0.44	49.44
2000～3000	21.16	5.80	19.94	16.21	44.90	14.08	42.55	25.16	0.235	21.96	0.20	22.47
3000～4000	8.74	2.39	8.72	7.09	26.35	8.27	26.33	15.57	0.138	12.90	0.14	15.73
>4000	1.67	0.46	1.67	1.36	6.64	2.08	6.63	3.92	0.029	2.71	0.03	3.37
总　计	365.00	100.00	123.00	100.00	318.80	100.00	169.13	100.00	1.07	100.00	0.89	100.00

从表 2－11 和图 2－26 中可见：①1969—1986 年刘家峡水库运用期间下河沿站汛期 0～500m³/s、500～1000m³/s 流量级出现的天数以及所携带的水量、沙量均大于或等于 1951—1968 年刘家峡水库运用以前，1000～2000m³/s 流量级出现的天数以及所携带的水量大于 1951—1968 年刘家峡水库运用以前，1000～2000m³/s 流量级所携带的沙量小于 1951—1968 年刘家峡水库运用以前，2000～3000m³/s、3000～4000m³/s 和大于 4000m³/s 流量级出现的天数以及所携带的水量、沙量则均小于 1951—1968 年刘家峡水库运用以前。②1969—1986 年刘家峡水库运用期间，下河沿站 0～500m³/s、500～1000m³/s、1000～2000m³/s 流量级出现的天数分别为 2.44 天、29.84 天、60.39 天，比 1951—1968 年刘家峡水库运用以前多 1.77 天、21.4 天、5.39 天，分别多 2.64 倍、2.54 倍、0.10 倍，2000～3000m³/s、3000～4000m³/s 和大于 4000m³/s 流量级出现的天数分别为 19.94 天、8.72 天、1.67 天，分别比 1951—1968 年刘家峡水库运用以前分别少 23.06 天、4.17 天、1.33 天，分别少 53.63%、32.35%、44.33%。③1969—1986 年刘家峡水库运用期间，下河沿站 0～500m³/s、500～1000m³/s、1000～2000m³/s 流量级所携带的水量分别为 0.95 亿 m³、21.36 亿 m³、71.31 亿 m³，比 1951—1968 年刘家峡水库运用以前分别多 0.72 亿 m³、15.58 亿 m³、2.1 亿 m³，分别多 3.12 倍、2.7 倍、0.03 倍，2000～3000m³/s、3000～4000m³/s 和大于 4000m³/s 流量级所携带的水量分别为 42.55 亿 m³、26.33 亿 m³、6.63 亿 m³，分别比 1951—1968 年刘家峡水库运用以前少 44.03 亿 m³、10.32 亿 m³、4.85 亿 m³，分别少 50.85%、28.15%、42.25%。④经统计，1951—2004 年下河沿站汛期 0～500m³/s 流量级基本上无法输送泥沙。1969—1986 年刘家峡水库运用期间，下河沿站 500～1000m³/s 流量级所携带的沙量为 0.08 亿 t，比 1951—1968 年刘家峡水库运用以前多 0.06 亿 t，多 3 倍，1000～2000m³/s 流量级所携带的沙量为 0.44 亿 t，比 1951—1968 年刘家峡水库运用以前少 0.028 亿 t，少 5.98%，2000～3000m³/s、3000～4000m³/s 和大于 4000m³/s 流量级所携带的沙量分别为 0.2 亿 t、0.14 亿 t、0.03 亿 t，分别比 1951—1968 年刘家峡水库运用以前少 0.799 亿 t、0.147 亿 t、0.066 亿 t，分别少 79.98%、51.22%、68.75%。

　　综上所述：①由于刘家峡水库的调控，1969—1986 年刘家峡水库运用期间，下河沿站 2000m³/s 以上流量出现的天数以及各级流量所携带的水量、沙量均明显小于 1951—1968 年刘家峡水库运用以前，其中全年 2000m³/s 以上流量出现天数及所携带水量、沙量分别比 1951—1968 年刘家峡水库运用以前减少 53.37%、47.03%、71.85%，汛期 2000m³/s 以上流量出现天数及所携带水量、沙量分别比 1951—1968 年刘家峡水库运用以前减少 48.50%、43.94%、73.23%。②由于刘家峡水库的调控，全年 0～500m³/s 流量级天数较刘家峡水库运用以前减少一半多，平均每年 57.12 天，占总天数的 15.65%。③全年 500～2000m³/s 流量级出现天数占总天数的 75.70%，所携带水量占 69.06%，所携带沙量占 61.96%。④全年 1000～2000m³/s 流量级出现天数占总天数的 26.62%，所携带水量占 34.40%，所携带沙量占 49.16%，可见 1000～2000m³/s 流量级的输沙效率较高。⑤汛期流量仍然主要集中于 1000～3000m³/s 流量级，出现天数占总天数的 65.31%，所携带水量占 67.32%，所携带沙量占 71.91%。

2.3.3 龙羊峡、刘家峡水库联合调度运用后

1987—2012 年为龙羊峡、刘家峡水库联合运用期,由于这一时期黄河流域的降雨偏少、工农业用水增加、水库调节及水土保持的减水减沙作用,来水来沙发生了较大的变化,主要表现在以下几个方面。

1. 来水来沙量锐减

表 2-12 为宁蒙河段主要水文站 1987—2012 年多年平均来水来沙情况统计。由表 2-12 可见,1986 年 10 月龙羊峡水库投入运用至 2012 年,进入宁蒙河段的水沙量锐减。作为宁夏河段进口控制站的下河沿站,多年平均来水量为 253.32 亿 m³,较 1969—1986 年多年平均来水量减小了 20.5%,约为刘家峡水库运用以前来水量的 74.8%;多年平均来沙量为 0.65 亿 t,较 1969—1986 年多年平均来沙量减小了 39.3%,仅为刘家峡水库运用以前来沙量的 30.2%,来沙量锐减;年平均流量 803.27m³/s,年平均含沙量为 2.57kg/m³。

表 2-12　　宁蒙河段主要水文站 1987—2012 年多年平均来水来沙情况统计表

站名	时　段	水量/亿 m³	沙量/亿 t	流量/(m³/s)	含沙量/(kg/m³)
下河沿	1987—2012 年	253.32	0.65	803.27	2.57
石嘴山	1987—2012 年	227.58	0.75	721.65	3.30
头道拐	1987—2012 年	162.60	0.44	515.60	2.71

宁蒙河段来水量减少的原因除与下河沿站以上引水有关以外,还与降水的减少、气温的升高和下垫面变化有关;来沙量锐减的原因与龙羊峡水库和刘家峡水库拦截入库泥沙有关。据统计,刘家峡水库 1986 年以后继续淤积,1989—1998 年淤积量为 3.676 亿 t,据估计龙羊峡水库也淤积了 3.5 亿 t,因此进入宁蒙河段的沙量锐减。

作为内蒙古河段进口控制站的石嘴山站,龙羊峡水库运用期(1987—2012 年)多年平均来水量为 227.58 亿 m³,较 1969—1986 年多年平均来水量减小了 23.1%,约为刘家峡水库运用以前来水量的 70.2%;多年平均来沙量为 0.75 亿 t,较 1969—1986 年多年平均来沙量减小了 22.7%,仅为刘家峡水库运用以前来沙量的 36.6%;年平均流量 721.65m³/s,年平均含沙量为 3.30kg/m³。

内蒙古河段出口控制站的头道拐站,龙羊峡水库运用期(1987—2012 年)多年平均来水量为 162.60 亿 m³,较 1969—1986 年多年平均来水量减小了 31.5%,仅为刘家峡水库运用以前来水量的 61.6%;多年平均来沙量为 0.44 亿 t,较 1969—1986 年多年平均来沙量减小了 59.6%,仅为刘家峡水库运用以前来沙量的 25.0%;年平均流量 515.60m³/s,年平均含沙量为 2.71kg/m³。

龙羊峡、刘家峡水库联合运用期间(1987—2012 年),宁夏河段石嘴山站水量比下河沿站少 25.74 亿 m³,减小 10.2%。内蒙古河段头道拐站水量比石嘴山站少 64.98 亿 m³,减小 28.6%;头道拐站水量比下河沿站少 90.72 亿 m³,减小 35.8%,沿程减少的幅度进一步加大,这与沿程引水逐年增加密切相关。据统计,1987 年以后宁蒙河段多年平均引水量 122.43 亿 m³,较 1968 年以前引水量增加了 38.1%。宁夏河段石嘴山站沙量比下河沿站略有增加,这主要和青铜峡水库的运用方式有关,青铜峡水库在正常高水位蓄水运

用，仅在发生较大洪峰时，结合沙峰降低水位排沙；内蒙古河段头道拐站沙量比石嘴山站少 0.31 亿 t，含沙量也由 3.30kg/m³ 减小为 2.71kg/m³，该河段沙量的沿程减少和含沙量的沿程衰减，主要是由河道淤积造成的，该河段除了上游来沙量外还有支流来沙、孔兑来沙和风积沙，说明该段河道河床发生严重淤积，其淤积量不仅包含了沙量的减少值，还包括区间的来沙量。

2. 水沙量年内分配进一步发生变化，汛期来水量小于非汛期

龙羊峡水库运用期（1987—2012 年）下河沿站多年平均来水量为 253.32 亿 m³。汛期水沙量占全年比例进一步减少，其中汛期多年平均来水量为 108.05 亿 m³，占全年的 42.7%，较 1969—1986 年汛期多年平均来水量减小了 36.1%，仅为刘家峡水库运用以前汛期多年平均来水量的 51.5%；汛期多年平均流量为 1016.75m³/s。非汛期多年平均来水量为 145.27 亿 m³，占全年的 57.3%，较 1969—1986 年非汛期多年平均来水量减小了 2.9%，较刘家峡水库运用以前非汛期多年平均来水量偏大 12.7%，非汛期多年平均流量为 694.75m³/s。

龙羊峡水库运用期（1987—2012 年）下河沿站多年平均来沙量为 0.65 亿 t，其中汛期多年平均来沙量为 0.50 亿 t，占全年的 77.9%，较 1969—1986 年汛期多年平均来沙量减小了 43.6%，仅为刘家峡水库运用以前的 27.0%；汛期多年平均含沙量为 6.53kg/m³。非汛期多年平均来沙量为 0.14 亿 t，占全年的 22.1%，较 1969—1986 年非汛期多年平均来沙量减小了 18.4%，仅为刘家峡水库运用以前非汛期多年平均来沙量的 51.1%，非汛期多年平均含沙量为 1.35kg/m³。

图 2-29 和图 2-30 分别为龙羊峡水库运用期（1987—2012 年）下河沿站多年月平均来水量、来沙量分布，由图 2-29 和图 2-30 可见：①年内各月来水量差距明显变小；②年内各月以 7 月、8 月沙量最大，分别为 0.189 亿 t、0.220 亿 t。

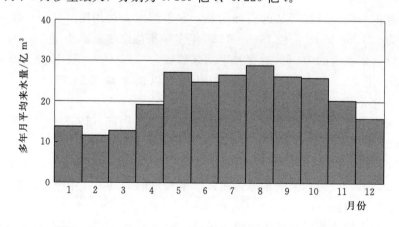

图 2-29　1987—2012 年下河沿站多年月平均来水量分布

综合以上分析表明，龙羊峡水库运用期（1987—2012 年）下河沿站来水来沙量在时间上分布不均匀，均小于龙羊峡水库运用前的多年平均情况。汛期水量减少尤其突出，沙量在时间上仍具不均匀性，但集中程度减弱。产生上述现象的原因在于龙羊峡水库建成运用后，6—10 月蓄水，年均蓄水量 43.4 亿 m³，11 月至次年 5 月泄水，年均泄水量 35.7 亿 m³。刘

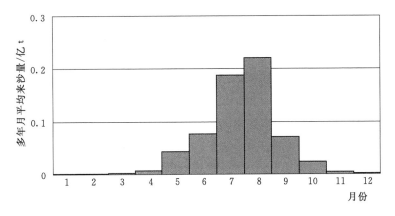

图2-30   1987—2012年下河沿站多年月平均来沙量分布

家峡水库则改变了原来的运用方式，配合龙羊峡水库对调节后的来水过程进行补偿调节。蓄水过程分两个阶段，即7—9月汛期蓄水、12月至次年3月在龙羊峡水库泄流量大时进行蓄水调节；而10—11月和4—5月主要为补水运用。两库联合运用对水量的调节幅度增大，仍表现为6—10月蓄水，其他月份泄水。两库6—10月年均蓄水48.9亿m^3，7月蓄水量最大为14.2亿m^3；11月至次年5月年均泄水42.4亿m^3，各月泄水量相差不大，其中5月偏大为7.49亿m^3。龙羊峡水库调节的结果，使得水库下游的年内水量分配进一步发生变化，汛期水量较1987年前进一步减少，非汛期水量则进一步增加。

3. 2000m^3/s以上的流量出现天数以及所携带水沙量幅度减少，并且最大日均洪峰流量发生趋势性减少

表2-13为1987—2012年下河沿站全年、汛期各级流量出现的天数，以及各级流量所携带的水沙量统计情况。从表2-13和图2-25中可见：①1987—2012年龙家峡水库运用期间，下河沿站全年各级流量出现的天数以及各级流量所携带的水量、沙量除了500～1000m^3/s流量级大于1951—1968年刘家峡水库运用以前，其余各流量级出现的天数以及所携带的水量、沙量均小于1951—1968年刘家峡水库运用以前。②1987—2012年龙家峡水库运用期间下河沿站500～1000m^3/s流量级出现的天数为209.49天，比1951—1968年刘家峡水库运用以前79.03天多130.46天，多1.65倍，0～500m^3/s、1000～2000m^3/s、2000～3000m^3/s、3000～4000m^3/s和大于4000m^3/s流量级出现的天数分别为65.31天、86.36天、2.42天、1.42天、0天，分别比1951—1968年刘家峡水库运用以前减少54.41天、12.18天、47.92天、12.74天、3.21天，分别减少45.45%、12.36%、95.18%、89.97%、100%。③1987—2012年龙家峡水库运用期间，下河沿站500～1000m^3/s流量级所携带的水量为132.54亿m^3，比1951—1968年刘家峡水库运用以前44.25亿m^3多88.29亿m^3，多2.0倍，0～500m^3/s、1000～2000m^3/s、2000～3000m^3/s、3000～4000m^3/s和大于4000m^3/s流量级所携带的水量分别为22.67亿m^3、89.13亿m^3、5.05亿m^3、3.93亿m^3、0亿m^3，分别比1951—1968年刘家峡水库运用以前减少12.54亿m^3、23.25亿m^3、91.77亿m^3、34.53亿m^3、11.76亿m^3，分别减少35.61%、20.69%、94.78%、89.78%、100%。④1987—2012年龙家峡水库运用期间，下河沿站

500～1000m³/s 流量级所携带的沙量为 0.253 亿 t，比 1951—1968 年刘家峡水库运用以前 0.075 亿 t 多 0.178 亿 t，多 2.38 倍，0～500m³/s、1000～2000m³/s、2000～3000m³/s、3000～4000m³/s 和大于 4000m³/s 流量级所携带的沙量分别为 0.005 亿 t、0.344 亿 t、0.031 亿 t、0.013 亿 t、0 亿 t，分别比 1951—1968 年刘家峡水库运用以前减少 0.014 亿 t、0.284 亿 t、1.011 亿 t、0.276 亿 t、0.097 亿 t，分别减少 74.49%、45.19%、97.03%、95.56%、100%。

表 2-13　　　　1987—2012 年下河沿站全年、汛期各级流量出现的天数
以及各级流量所携带的水沙量

流量级 /(m³/s)	各流量级出现的天数/d				各流量级所携带的水量/亿 m³				各流量级所携带的沙量/亿 t			
	全　年		汛　期		全　年		汛　期		全　年		汛　期	
	数值	比例/%	数值	比例/%	数值	比例/%	数值	比例/%	数值	比例/%	数值	比例/%
0～500	65.31	17.89	0.92	0.75	22.67	8.95	0.37	0.34	0.005	0.75	0	0
500～1000	209.49	57.39	70.93	57.66	132.54	52.32	48.67	45.04	0.253	39.19	0.177	35.21
1000～2000	86.36	23.66	47.31	38.46	89.13	35.18	50.03	46.30	0.344	53.27	0.283	56.08
2000～3000	2.42	0.66	2.42	1.97	5.05	1.99	5.06	4.68	0.031	4.80	0.031	6.17
3000～4000	1.42	0.39	1.42	1.15	3.93	1.55	3.93	3.64	0.013	1.99	0.013	2.55
>4000	0	0	0	0	0	0	0	0	0	0	0	0
总　计	365.00	100.00	123.00	100.00	253.32	100.00	108.05	100.00	0.646	100.00	0.500	100.00

从表 2-13 和图 2-26 中可见：①1987—2012 年龙家峡水库运用期间，下河沿站汛期 0～500m³/s、500～1000m³/s 流量级出现的天数以及所携带的水量、沙量大于或等于 1951—1968 年刘家峡水库运用以前，而其他流量级出现的天数以及所携带的水量、沙量则均小于 1951—1968 年刘家峡水库运用以前。②1987—2012 年龙家峡水库运用期间，下河沿站 0～500m³/s、500～1000m³/s 流量级出现的天数分别为 0.92 天、70.93 天，比 1951—1968 年刘家峡水库运用以前 0.67 天、8.44 天分别多 0.25 天、62.49 天，多 0.37 倍、7.40 倍，1000～2000m³/s、2000～3000m³/s、3000～4000m³/s 和大于 4000m³/s 流量级出现的天数分别为 47.31 天、2.42 天、1.42 天、0 天，分别比 1951—1968 年刘家峡水库运用以前少 7.69 天、40.58 天、11.47 天、3 天，分别少 13.98%、94.37%、88.98%、100%。③1987—2012 年龙家峡水库运用期间，下河沿站 0～500m³/s、500～1000m³/s 流量级所携带的水量分别为 0.37 亿 m³、48.67 亿 m³，比 1951—1968 年刘家峡水库运用以前分别多 0.14 亿 m³、42.89 亿 m³，多 0.60 倍、7.42 倍，1000～2000m³/s、2000～3000m³/s、3000～4000m³/s 和大于 4000m³/s 流量级所携带的水量分别为 50.03 亿 m³、5.06 亿 m³、3.93 亿 m³、0 亿 m³，分别比 1951—1968 年刘家峡水库运用以前少 19.18 亿 m³、81.52 亿 m³、32.72 亿 m³、11.48 亿 m³，分别少 27.72%、94.16%、89.28%、100%。④经统计，1987—2012 年下河沿站汛期 0～500m³/s 流量级基本上无法输送泥沙。1987—2012 年龙家峡水库运用期间，下河沿站 500～1000m³/s 流量级所携带的沙量为 0.177 亿 t，比 1951—1968 年刘家峡水库运用以前多 0.157 亿 t，多 7.87 倍，1000～2000m³/s、2000～3000m³/s、3000～4000m³/s 和大于 4000m³/s 流量级所携带的

沙量分别为0.283亿t、0.031亿t、0.013亿t、0亿t，分别比1951—1968年刘家峡水库运用以前少0.185亿t、0.968亿t、0.274亿t、0.096亿t，分别少39.63%、96.89%、95.53%、100%。

综上分析可以得出：①由于龙羊峡水库的调控，1987—2012年龙家峡水库运用期间，大流量级出现的几率进一步减少，下河沿站2000m³/s以上流量出现的天数以及各级流量所携带的水量、沙量均明显小于1969—1986年刘家峡水库运用期间；日均流量超过2000m³/s的天数几乎很少出现，平均每年只有3.84天。其中全年2000m³/s以上流量出现天数及所携带水量、沙量分别比1951—1968年刘家峡水库运用以前减少94.33%、93.89%、96.93%，汛期2000m³/s以上流量出现天数及所携带水量、沙量分别比1951—1968年刘家峡水库运用以前减少93.48%、93.33%、96.82%。②0～1000m³/s流量级出现天数占总天数的75.29%，所携带水量占61.27%，所携带沙量占39.94%。③1000～2000m³/s流量级出现天数占总天数的23.66%，所携带水量占35.18%，所携带沙量占53.27%，可见沙量则集中在1000～2000m³/s流量级出现小水带大沙的情况。④汛期流量主要集中在500～2000m³/s，出现天数占总天数的比例由1951—1968年的48.65%增加到81.06%，所携带水量占87.50%，所携带沙量占92.46%。

4.最大日平均洪峰流量发生趋势性减少

图2-31所示为1951—2012年期间下河沿站最大日均洪峰流量的变化情况。

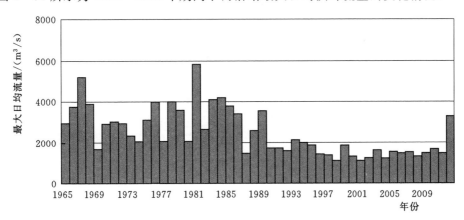

图2-31　1951—2012年下河沿站最大日均流量变化情况

由图2-31可见：①1981年最大日均流量为5840m³/s，1998年、2001年最小日均流量仅为1130m³/s；②1986年以后进入宁蒙河道的最大日均洪峰流量发生趋势性变化，各站最大日均流量均减小，尤其是1990—2004年，最大日均流量超过2000m³/s的年份只有1993年（2130m³/s）、1994年（2050m³/s）和2012年（3320m³/s）3年。产生上述现象的主要原因有：

（1）龙羊峡水库拦蓄了汛期洪水，进库洪水过程在出库时削减为中小水流量过程，使得汛期大流量历时显著减少，小流量历时增加。

表2-14为1987—2009年龙羊峡水库运用后汛期进出库各流量级天数变化。由表2-14可见，1000m³/s以上流量级天数由进库平均每年45.7天削减为出库平均每年3.6天，

占汛期天数的比例由 37.2% 减小到 3.0%；500~1000m³/s 流量级天数由进库的 68.4 天增加为出库的 78.1 天，占汛期天数的比例由 55.6% 增加到 63.5%；500m³/s 以下流量级天数由进库的 8.8 天增加为出库的 41.4 天，占汛期天数的比例由 7.2% 增加到 33.7%。

表 2 - 14　　　　1987—2009 年龙羊峡水库运用后汛期进出库各流量级天数变化

进出库	项目	不同流量级/(m³/s)				
		<500	500~1000	1000~1500	1500~2000	>2000
唐乃亥	天数/天	8.8	68.4	29.1	11.3	5.3
	占汛期/%	7.2	55.6	23.7	9.2	4.3
贵德	天数/天	41.4	78.1	1.8	0.5	1.3
	占汛期/%	33.7	63.5	1.5	0.4	1.1

（2）龙羊峡水库在汛期蓄水，使得进出库的洪峰流量过程调平。一个方面，龙羊峡水库汛期蓄水，使得出库的洪峰流量减小，1998 年龙羊峡入库最大洪峰为 1830m³/s，出库平均流量只有 450m³/s，洪水期的最大削峰比近 80%，如图 2 - 32（a）所示；另一个方面，在特枯水年份，龙羊峡水库也进行补水运用，如 2002 年 8 月以后入库洪峰流量多在 500m³/s 以下，出库流量增大，汛期流量过程调平，如图 2 - 32（b）所示。

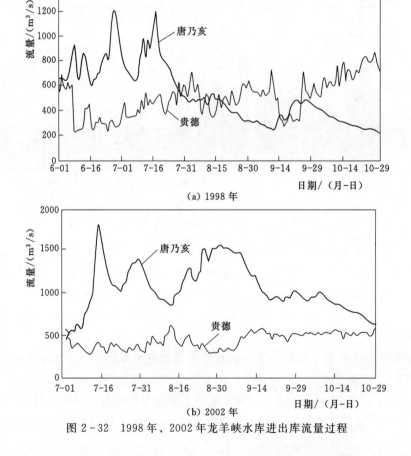

图 2 - 32　1998 年、2002 年龙羊峡水库进出库流量过程

5. 1987年以后冰凌洪水的日均洪峰流量大于汛期洪水

图2-33为1958—2012年头道拐站汛期洪水和冰凌洪水日均最大流量比较。

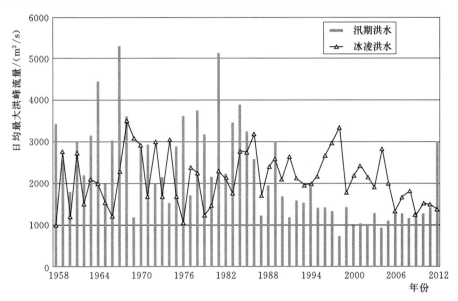

图2-33   1958—2012年头道拐站汛期洪水和冰凌洪水日均最大流量比较

由图2-33可见，1986年以前29年中有23年汛期洪水的日均最大洪峰流量大于冰凌洪水，但是自1987年以来，除了1989年和2012年以外，其余各年冰凌洪水的日均最大洪峰流量均大于汛期洪水。1987—2012年26年的冰凌洪水的日均最大洪峰流量平均为2105m³/s，而相应时期的汛期日平均最大洪峰流量平均不足1450m³/s，由此也在一定程度上说明了近年来内蒙古河段冰凌问题较为突出。

6. 1987年后水沙关系更加不协调

图2-34为下河沿站月均来水量和来沙量的相关关系。从图2-34中可以看出，下河沿站月均来水量和来沙量之间存在良好的相关关系。其中：

1951—1968年下河沿站月均来水量和来沙量之间的相关关系式为

$$Q_s = 6 \times 10^{-7} Q^{3.239} (相关系数\ R^2 = 0.811)$$

1969—1986年下河沿站月均来水量和来沙量之间的相关关系式为

$$Q_s = 5 \times 10^{-6} Q^{2.743} (相关系数\ R^2 = 0.677)$$

1987年以后下河沿站月均来水量和来沙量的关系发生变异，关系式为

$$Q_s = 2 \times 10^{-7} Q^{3.754} (相关系数\ R^2 = 0.597)$$

由上述3个时段下河沿站月平均来水量与来沙量关系的相关系数表明，刘家峡水库运用后的相关系数较刘家峡水库运用前有所减小，而刘家峡水库和龙羊峡水库联合调度运用后，来水量与来沙量的相关系数进一步减小，这在一定程度上说明下河沿站的水沙关系趋于更加不协调。

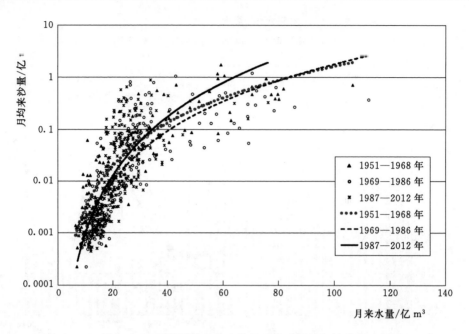

图 2-34　下河沿站月均来水量和来沙量的相关关系

第3章　宁蒙河段河道冲淤演变
与河道萎缩成因分析

河道的冲淤演变一般表现在断面形态调整、过流能力变化、同流量水位升降，河道输沙能力变化、含沙量沿程调整以及河势变化等。宁蒙河段的来水来沙变化，尤其是龙羊峡水库和刘家峡水库联合运用以来，宁蒙河段的水沙搭配越来越不合理，致使宁蒙河段河道近年来出现主河槽淤积萎缩、小流量漫滩和同流量水位大幅抬高等，导致其防洪防凌形势日趋严峻。本章主要是针对宁蒙河段出现的新特点，根据已掌握的实测资料状况，通过沙量平衡法确定宁蒙河段不同时期的冲淤量变化，并分析了宁蒙河段河道萎缩特征及其原因。

3.1　河道冲淤特性

3.1.1　河道冲淤量计算方法

河道冲淤量通常采用的计算方法有断面法和输沙率法。由于黄河宁蒙河段缺乏系统的断面地形测量资料，仅有个别时期的大断面测量资料，而且断面布设和每次的断面测量数量也不完全相同。因此，在考虑宁蒙河段支流汇入（包括十大孔兑来沙）、引水渠引水和排水沟排水、风积沙以及库区拦淤沙量等因素的基础上采用输沙率法对宁蒙河道的淤积量进行计算。计算公式如式（3-1）所示。

$$\Delta W_s = W_{s进} + W_{s支} + W_{s排} + W_{s风} - W_{库淤} - W_{s出} - W_{s引} \qquad (3-1)$$

式中：ΔW_s 为河段冲淤量，亿 t；$W_{s进}$ 为河段进口沙量，亿 t；$W_{s支}$ 为河段支流来沙量，亿 t；$W_{s排}$ 为河段排水沟来沙量，亿 t；$W_{s风}$ 为河段风积沙入黄沙量，亿 t；$W_{库淤}$ 为河段库区拦淤沙量；$W_{s出}$ 为河段出口沙量，亿 t；$W_{s引}$ 为河段引沙量，亿 t。

3.1.2　河道冲淤量计算结果

根据宁蒙河段沿程各水文站来沙量、库区拦沙量和沿程支流、引水渠、排水沟、十大孔兑等水文资料以及修正后的风积沙资料，采用式（3-1）对宁蒙河段冲淤量进行计算。

表 3-1 所示为宁蒙河段多年平均冲淤量的计算结果，图 3-1 所示为宁蒙河段年逐年冲淤量、汛期逐年冲淤量、非汛期逐年冲淤量变化过程。

由表 3-1 和图 3-1 可见，1953—2012 年宁蒙河段年均淤积量为 0.498 亿 t，其中宁夏河段基本达到冲淤平衡，呈现微冲状态，年均冲刷量约为 0.001 亿 t，而内蒙古河段淤积较为严重，年均淤积量为 0.499 亿 t。因此，宁蒙河段的淤积主要集中在内蒙古河段。

表 3 - 1　　　　　　　　　宁蒙河段多年平均冲淤量计算结果　　　　　　　　　单位：亿 t/a

时　　段	宁夏河段	内蒙古河段				全河段
	下河沿—石嘴山	石嘴山—巴彦高勒	巴彦高勒—三湖河口	三湖河口—头道拐	石嘴山—头道拐	
1953—1961 年	0.231	−0.090	0.383	0.658	0.951	1.182
1962—1968 年	−0.635	0.101	−0.210	0.160	0.050	−0.585
1969—1986 年	0.069	0.093	−0.055	0.168	0.205	0.274
1987—2012 年	0.042	0.051	0.151	0.465	0.667	0.709
1953—2012 年	−0.001	0.048	0.082	0.369	0.499	0.498

注　表中计算结果不包括库区的冲淤量；"−"代表冲刷。

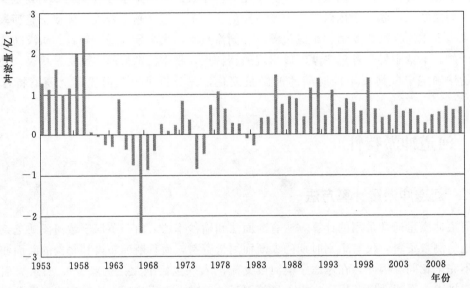

（a）全年

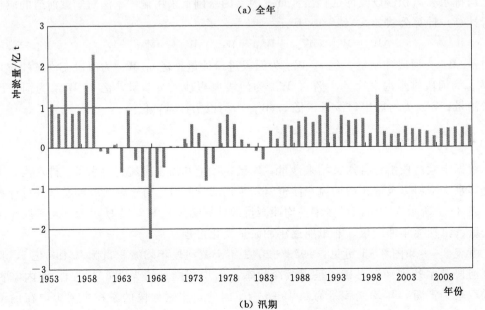

（b）汛期

图 3 - 1（一）　宁蒙河段年逐年冲淤量、汛期逐年冲淤量和非汛期逐年冲淤量变化过程

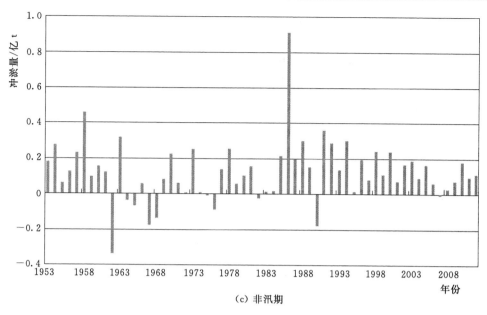

（c）非汛期

图 3-1（二） 宁蒙河段年逐年冲淤量、汛期逐年冲淤量和非汛期逐年冲淤量变化过程

从各时段的冲淤量来看：①1953—1961 年期间基本为天然情况，由于干流来沙较多，年平均来沙量达 2.41 亿 t，致使宁蒙河段淤积严重，多年平均年淤积量达 1.182 亿 t，其中宁夏河段多年平均年淤积量为 0.231 亿 t，内蒙古河段多年平均年淤积量为 0.951 亿 t，分别占该时期宁蒙河段年均淤积量的 19.5％和 80.5％。②1962—1968 年，由于盐锅峡水库、三盛公水库以及青铜峡水库相继投入运用，使得宁蒙河段河道在该时期发生冲刷，年均冲刷 0.585 亿 t，其中宁夏河段多年平均年冲刷量为 0.635 亿 t，内蒙古河段多年平均年淤积量为 0.050 亿 t。③1969—1986 年，刘家峡水库投入运用以后，宁蒙河段由冲刷变为淤积，该时期宁蒙河段多年平均年淤积量为 0.274 亿 t，其中宁夏河段和内蒙古河段多年平均年淤积量分别为 0.069 亿 t 和 0.205 亿 t，分别占该时期宁蒙河段多年平均年淤积量的 25.2％和 74.8％。④1987—2012 年，龙羊峡水库和刘家峡水库的联合调用，加剧了宁蒙河段的淤积，该时期宁蒙河段多年平均年淤积量为 0.709 亿 t，其中宁夏河段呈现微淤状态，而内蒙古河段淤积严重，其多年平均年淤积量分别为 0.042 亿 t 和 0.667 亿 t，分别占该时期宁蒙河段多年平均年淤积量的 5.9％和 94.1％，其中内蒙古河段的淤积又主要集中在巴彦高勒—三湖河口河段和三湖河口—头道拐河段，其多年平均年淤积量分别为 0.151 亿 t 和 0.465 亿 t，分别占该时期内蒙古河段淤积量的 22.6％和 69.7％。

3.1.3 不同时期河道冲淤变化特点

1. 刘家峡水库运用前（1953—1968 年）

图 3-2 所示为 1953—1968 年宁蒙河段不同河段多年平均年冲淤量的计算结果。由图 3-2 可见，下河沿—石嘴山河段呈现冲刷状态，冲刷量约为 0.148 亿 t，其中汛期和非汛期分别冲刷了 0.059 亿 t 和 0.089 亿 t。石嘴山—巴彦高勒河段年平均冲淤变化不大，其中汛期发生冲刷，约冲刷了 0.116 亿 t；非汛期发生淤积，淤积量约为 0.110 亿 t。巴彦高

勒—三湖河口河段年平均呈现淤积状态，约淤积了 0.123 亿 t，其中汛期和非汛期分别淤积了 0.107 亿 t 和 0.016 亿 t。三湖河口—头道拐河段发生较为严重的淤积，多年平均年淤积量约为 0.440 亿 t；其淤积主要集中在汛期，淤积了约 0.392 亿 t，占该河段总淤积量的 89.1%；非汛期淤积相对较小，淤积了约 0.048 亿 t。

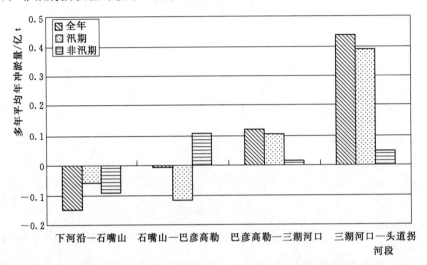

图 3-2　1953—1968 年宁蒙河段不同河段多年平均年冲淤量分布

2. 刘家峡水库单独运用期间（1969—1986 年）

图 3-3 所示为 1969—1986 年宁蒙河段不同河段多年平均年冲淤量的计算结果。由图 3-3 可见，下河沿—石嘴山河段呈现微淤状态，淤积量约为 0.069 亿 t；其中汛期淤积，非汛期冲刷，分别淤积了 0.089 亿 t 和冲刷了 0.020 亿 t。石嘴山—巴彦高勒河段年均淤积较小，淤积量约为 0.093 亿 t；其中汛期冲淤基本平衡，非汛期发生淤积，淤积量约为 0.095 亿 t。巴彦高勒—三湖河口河段呈现冲刷状态，年均冲刷量约为 0.055 亿 t；其中汛期发生冲刷、非汛期发生淤积，分别冲刷了 0.096 亿 t 和淤积了 0.041 亿 t。三湖河口—

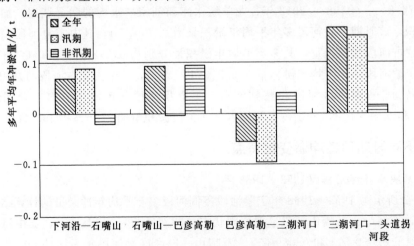

图 3-3　1969—1986 年宁蒙河段不同河段多年平均年冲淤量分布

头道拐河段多年平均年淤积较大，多年平均年淤积量约为 0.168 亿 t；其淤积主要集中在汛期，汛期淤积量约为 0.152 亿 t，约占该河段淤积量的 90.5%；非汛期约淤积了 0.016亿 t，仅占该河段总淤积量的 9.5%。

3. 龙羊峡水库和刘家峡水库联合运用期间（1987—2012 年）

图 3-4 所示为 1987—2012 年宁蒙河段不同河段多年平均年冲淤量的计算结果。由图3-4 可见，下河沿—石嘴山河段多年平均年冲淤变化幅度较小，总体呈现微淤状态，约淤积了 0.042 亿 t，其中汛期淤积了 0.099 亿 t，非汛期冲刷了 0.057 亿 t。石嘴山—巴彦高勒河段冲淤变化幅度也较小，年均淤积了 0.051 亿 t；其中汛期和非汛期分别淤积了0.022 亿 t 和 0.029 亿 t。巴彦高勒—三湖河口河段年均淤积量较大，淤积量约为 0.151 亿t；其中汛期和非汛期均呈现淤积状态，分别淤积了 0.053 亿 t 和 0.098 亿 t。三湖河口—头道拐河段多年平均年淤积较为严重，多年平均年淤积量约为 0.465 亿 t，且淤积主要集中在汛期，汛期淤积量约为 0.392 亿 t，约占该河段总淤积量的 84.3%；非汛期淤积相对较小，淤积量约为 0.073 亿 t，约占该河段总淤积量的 15.7%。

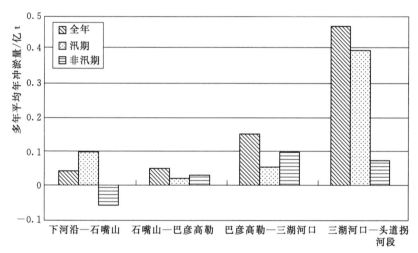

图 3-4　1987—2012 年宁蒙河段不同河段多年平均年冲淤量分布

由上述分析可知，1953—1968 年宁蒙河段下河沿—三湖河口河段冲淤变化幅度相对较小，而三湖河口—头道拐河段发生严重淤积；在刘家峡水库投入运用以后，由于其蓄水拦沙、削减洪峰，使得上游来水来沙均出现不同程度的减小，使其来水量不能带走全部的来沙量，致使 1969—1986 年宁蒙河段处于淤积状态，但其淤积幅度较 1953—1968 年有所减小；1986 年以后，龙羊峡水库投入运用，使得上游来水量和来沙量锐减、洪峰流量大幅削减、水沙量年内分配不均等，致使 1987—2012 年宁蒙河段巴彦高勒—头道拐河段发生较为严重的淤积，河道萎缩也日益加剧。

3.1.4　不同河段河道冲淤变化特点

1. 宁夏河段（下河沿—石嘴山）

图 3-5 和表 3-2 所示为宁夏河段（下河沿—石嘴山）不同时期年均冲淤量的计算结

果。由图 3-5 和表 3-2 可见，1953—2012 年宁夏河段冲淤基本达到平衡状态，年均冲刷量为 0.001 亿 t；其中汛期年均淤积量为 0.054 亿 t，非汛期年均冲刷量为 0.055 亿 t。

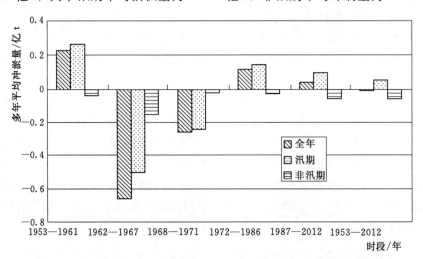

图 3-5　宁夏河段（下河沿—石嘴山）不同时期年均冲淤量计算结果

表 3-2　　　宁夏河段（下河沿—石嘴山）不同时期多年平均年冲淤量计算结果　　　单位：亿 t/a

时　段	宁夏河段（下河沿—石嘴山）		
	非汛期	汛期	多年平均
1953—1961 年	-0.041	0.272	0.231
1962—1967 年	-0.155	-0.504	-0.659
1968—1971 年	-0.022	-0.237	-0.259
1972—1986 年	-0.027	0.145	0.118
1987—2012 年	-0.057	0.099	0.042
1953—2012 年	-0.055	0.054	-0.001

　　1953—2012 年宁夏河段不同时期的冲淤变化特性主要表现为：①1953—1961 年，该时段属于天然情况，宁夏河段呈现淤积状态，年均淤积量为 0.231 亿 t；其中汛期年均淤积量为 0.272 亿 t，非汛期年均冲刷量为 0.041 亿 t；②1962—1967 年，盐锅峡水库和三盛公水库投入运用，该时段宁夏河段呈现冲刷状态，年均冲刷量为 0.659 亿 t；其中汛期和非汛期年均冲刷量分别为 0.504 亿 t 和 0.155 亿 t，分别占该时期宁夏河段年均冲刷量的 76.5% 和 23.5%，汛期冲刷较多；③1968—1971 年，该时段为青铜峡水库蓄水运用初期，库区淤积严重，1968 年刘家峡水库也投入运用，致使宁夏河段发生冲刷，年均冲刷量为 0.259 亿 t；其中汛期和非汛期年均冲刷量分别为 0.237 亿 t 和 0.022 亿 t，分别占该时期宁夏河段年均淤积量的 91.5% 和 8.5%，表明冲刷主要集中在汛期；④1972—1986 年，该时段青铜峡水库先采用"汛期降低水位排沙"的运用方式，后于 1977 年改为"平枯水时段蓄水运用、沙峰期降低水位排沙"的运用方式。该时期库区冲淤基本达到平衡，宁夏河段发生淤积，年均淤积量为 0.119 亿 t；其中汛期年均淤积量为 0.145 亿 t，非汛期

呈现微冲状态，年均冲刷量为 0.027 亿 t；⑤1987—2012 年，黄河上游来水偏枯、青铜峡水库不定期拉沙以及龙羊峡水库和刘家峡水库联合调度。该时期宁夏河段冲淤基本达到平衡，年均淤积量为 0.042 亿 t；其中汛期呈现微淤状态，年均淤积量为 0.099 亿 t，非汛期呈现微冲状态，年均冲刷量为 0.057 亿 t。

综上所述，1986 年以前，宁夏河段冲淤调整较大，而且主要集中在汛期；1987 年龙羊峡、刘家峡两库联合调度后，宁夏河段冲淤调整较小，可认为基本达到冲淤平衡状态。

2. 内蒙古河段（石嘴山—巴彦高勒）

图 3-6 和表 3-3 所示为石嘴山—巴彦高勒河段不同时期年均冲淤量计算结果。由图 3-6 和表 3-3 可见，1953—2012 年，石嘴山—巴彦高勒河段处于微淤状态，年均淤积量为 0.048 亿 t，其中汛期呈现微冲状态，年均冲刷量为 0.022 亿 t，非汛期呈现微淤状态，年均淤积量为 0.070 亿 t。从不同时期来看，其冲淤特性主要表现为：①1953—1961 年，石嘴山—巴彦高勒河段呈现微冲状态，年均冲刷量为 0.090 亿 t，其中汛期呈现冲刷状态，年均冲刷量为 0.173 亿 t，非汛期呈现微淤状态，年均淤积量为 0.083 亿 t；②1962—1968 年，石嘴山—巴彦高勒河段呈现淤积状态，年均淤积量为 0.100 亿 t，其中汛期呈现微冲状态，年均冲刷量为 0.043 亿 t，非汛期呈现淤积状态，年均淤积量为 0.143 亿 t；③1969—1986 年，石嘴山—巴彦高勒河段呈现微淤状态，年均淤积量为

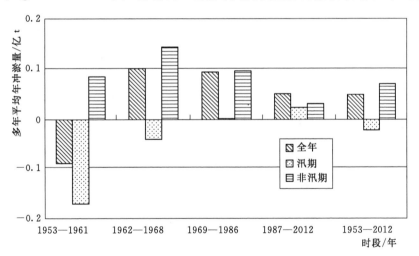

图 3-6 石嘴山—巴彦高勒河段不同时期多年平均年冲淤量计算结果

表 3-3 石嘴山—巴彦高勒河段不同时期多年平均年冲淤量计算结果   单位：亿 t/a

时 段	石嘴山—巴彦高勒河段		
	非汛期	汛 期	全 年
1953—1961 年	0.083	−0.173	−0.090
1962—1968 年	0.143	−0.043	0.100
1969—1986 年	0.095	−0.002	0.093
1987—2012 年	0.029	0.021	0.050
1953—2012 年	0.070	−0.022	0.048

0.093 亿 t，其中汛期年均冲刷量为 0.002 亿 t，非汛期年均淤积量为 0.095 亿 t；④1987—2012 年，石嘴山—巴彦高勒河段呈现淤积状态，年均淤积量为 0.050 亿 t。该时期为龙羊峡水库和刘家峡水库联合调蓄时期，改变了汛期微冲的特性，汛期和非汛期均呈现微淤状态，其年均淤积量分别为 0.021 亿 t 和 0.029 亿 t，分别占该时期该河段年均淤积量的 42.0％和 58.0％。

综上所述，石嘴山—巴彦高勒河段除了 1953—1961 年呈现微冲状态之外，其他各时期均呈现淤积状态，但其冲淤量相对较小，基本处于冲淤平衡状态。

3. 内蒙古河段（巴彦高勒—三湖河口）

图 3-7 和表 3-4 所示为巴彦高勒—三湖河口河段不同时期年均冲淤量计算结果。由图 3-7 和表 3-4 可见，1953—2012 年，巴彦高勒—三湖河口河段处于微淤状态，年均淤积量为 0.082 亿 t，其中汛期和非汛期年均淤积量分别为 0.023 亿 t 和 0.059 亿 t，分别占该时期该河段年均淤积量的 28.0％和 72.0％，非汛期淤积较多。从不同时期来看，其冲淤特性主要表现为：①1953—1961 年，巴彦高勒—三湖河口河段淤积严重，年均淤积量为 0.383 亿 t，其中汛期和非汛期年均淤积量分别为 0.325 亿 t 和 0.057 亿 t，分别占该时期该河段年均淤积量的 84.9％和 15.1％，淤积主要集中在汛期；②1962—1968 年，巴彦高勒—三湖河口河段处于冲刷状态，年均冲刷量为 0.210 亿 t，其中汛期和非汛期年均冲刷量分别为 0.173 亿 t 和 0.037 亿 t，分别占该时期该河段年均淤积量的 82.4％和 17.6％，冲刷主要发生在汛期；③1969—1986 年，巴彦高勒—三湖河口河段处于微冲状态，年均冲刷量为 0.055 亿 t，其中汛期呈现微冲状态，年均冲刷量为 0.096 亿 t，非汛期呈现微淤状态，年均淤积量为 0.041 亿 t；④1987—2012 年，巴彦高勒—三湖河口河段淤积较为严重，年均淤积量为 0.151 亿 t，其中汛期和非汛期年均淤积量分别为 0.053 亿 t 和 0.098 亿 t，分别占该时期该河段年均淤积量的 35.1％和 64.9％。

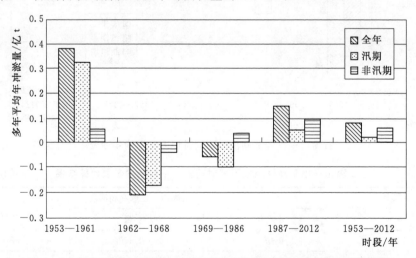

图 3-7　巴彦高勒—三湖河口河段不同时期多年平均年冲淤量计算结果

综上所述，巴彦高勒—三湖河口河段淤积时段主要发生在 1953—1961 年和龙羊峡、刘家峡两库联合调度后，其他各时期均处于冲刷或微冲状态；而且冲淤调整主要发生在汛期，非汛期除了龙羊峡、刘家峡两库联合调度后冲淤量较大之外，其他各时期冲淤量均相对较小。

表 3-4   巴彦高勒—三湖河口河段不同时期多年平均年冲淤量计算结果   单位：亿 t/a

时 段	巴彦高勒—三湖河口河段		
	非汛期	汛 期	多年平均
1953—1961 年	0.057	0.325	0.382
1962—1968 年	−0.037	−0.173	−0.210
1969—1986 年	0.041	−0.096	−0.055
1987—2012 年	0.098	0.053	0.151
1953—2012 年	0.059	0.023	0.082

4. 内蒙古河段（三湖河口—头道拐）

图 3-8 和表 3-5 所示为三湖河口—头道拐河段不同时期年均冲淤量计算结果。由图 3-8 和表 3-5 可见，1953—2012 年，三湖河口—头道拐河段淤积严重，年均淤积量为 0.369 亿 t，其中汛期和非汛期年均淤积量分别为 0.320 亿 t 和 0.049 亿 t，分别占该时期该河段年均淤积量的 86.7% 和 13.3%，淤积主要集中在汛期。从不同时期来看，该河段的冲淤特性主要表现为：①1953—1961 年，三湖河口—头道拐河段淤积严重，年均淤积量为 0.658 亿 t，其中汛期和非汛期年均淤积量分别为 0.567 亿 t 和 0.091 亿 t，约占该时期该河段年均淤积量的 86.2% 和 13.8%，淤积集中在汛期；②1962—1968 年，三湖河口—头道拐河段处于淤积状态，年均淤积量为 0.160 亿 t，其中汛期年均淤积量为 0.167 亿 t，非汛期呈现冲刷状态，年均冲刷量为 0.007 亿 t，淤积发生在汛期；③1969—1986 年，三湖河口—头道拐河段处于淤积状态，年均淤积量为 0.168 亿 t，其中汛期和非汛期年均淤积量分别为 0.152 亿 t 和 0.016 亿 t，约占该时期该河段年均淤积量的 90.5% 和 9.5%，淤积集中在汛期；④1987—2012 年，三湖河口—头道拐河段淤积严重，年均淤积量为 0.465 亿 t，其中汛期和非汛期年均淤积量分别为 0.392 亿 t 和 0.073 亿 t，约占该时期该河段年均淤积量的 84.3% 和 15.7%，淤积集中在汛期。

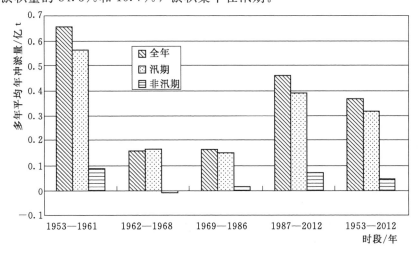

图 3-8   三湖河口—头道拐河段不同时期多年平均年冲淤量计算结果

表 3-5　　　　　三湖河口—头道拐河段不同时期多年平均年冲淤量计算结果　　　　单位：亿 t/a

时　段	三湖河口—头道拐河段		
	非汛期	汛期	多年平均
1953—1961 年	0.091	0.567	0.658
1962—1968 年	−0.007	0.167	0.160
1969—1986 年	0.016	0.152	0.168
1987—2012 年	0.073	0.392	0.465
1953—2012 年	0.049	0.320	0.369

　　综上所述，三湖河口—头道拐河段各时期均呈现淤积状态，尤以 1953—1961 年和龙羊峡、刘家峡两库联合调度后淤积严重，而且淤积主要集中在汛期，非汛期除了 1962—1968 年处于微冲状态之外，其他各时期均处于微淤状态。

　　5. 内蒙古河段（石嘴山—头道拐）

　　图 3-9 和表 3-6 所示为内蒙古河段（石嘴山—头道拐）不同时期年均冲淤量计算结果。由图 3-9 和表 3-6 可见，1953—2012 年，内蒙古河段淤积严重，年均淤积量为 0.498 亿 t，其中汛期和非汛期的年均淤积量分别为 0.320 亿 t 和 0.178 亿 t，分别占该时期该河段年均淤积量的 64.3% 和 35.7%，汛期淤积较多。该河段不同时期的冲淤特性主要表现为：①1953—1961 年，内蒙古河段淤积非常严重，年均淤积量达 0.951 亿 t，其中汛期和非汛期年均淤积量分别为 0.719 亿 t 和 0.232 亿 t，分别占该时期该河段年均淤积量的 75.6% 和 24.4%，汛期淤积较多；②1962—1968 年，内蒙古河段处于微淤状态，年均淤积量为 0.050 亿 t，其中汛期呈现微冲状态，年均冲刷量为 0.049 亿 t，非汛期呈现微淤状态，年均淤积量为 0.099 亿 t；③1969—1986 年，内蒙古河段处于淤积状态，年均淤积量为 0.205 亿 t，其中汛期呈现冲刷状态，年均冲刷量为 0.053 亿 t，非汛期呈现淤积状态，年均淤积量为 0.152 亿 t；④1987—2012 年，内蒙古河段淤积严重，年均淤积量为 0.667 亿 t，其中汛期和非汛期年均淤积量分别为 0.467 亿 t 和 0.200 亿 t，分别占该时期

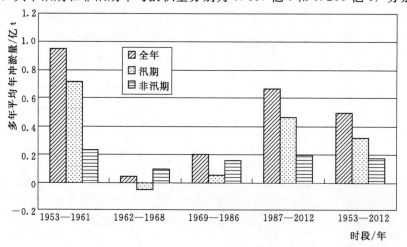

图 3-9　内蒙古河段（石嘴山—头道拐）不同时期多年平均年冲淤量计算结果

该河段年均淤积量的 70.0% 和 30.0%，汛期淤积较多。

表 3-6　　　石嘴山—头道拐河段不同时期多年平均年冲淤量计算结果　　　单位：亿 t/a

时　段	内蒙古河段（石嘴山—头道拐）		
	非汛期	汛　期	多年平均
1953—1961 年	0.232	0.719	0.951
1962—1968 年	0.099	−0.049	0.050
1969—1986 年	0.152	0.053	0.205
1987—2012 年	0.200	0.467	0.667
1953—2012 年	0.178	0.320	0.498

综上所述，内蒙古河段各时期均发生淤积，而且除了 1962—1968 年汛期呈现微冲状态之外，其他各时期的汛期和非汛期均呈现微淤或淤积状态，尤其是 1953—1961 年期间和龙羊峡、刘家峡两库联合调度后淤积最为严重。另由该时期的不同河段来看，石嘴山—巴彦高勒、巴彦高勒—三湖河口和三湖河口—头道拐 3 个河段的年均淤积量分别占整个内蒙古河段（石嘴山—头道拐）淤积量的 7.58%、22.65% 和 69.77%，明显呈现出越往下游淤积强度越大的特性，这主要是受河道形态、区间引水和支流及孔兑来沙的影响所致。

3.2　河道萎缩特征

近 20 年来，由于龙羊峡水库和刘家峡水库的联合调度，加之 20 个世纪 90 年代以来上游来水持续偏枯，河套地区工农业用水量迅速增长，同时，内蒙古河段十大孔兑入黄沙量未见明显减小，致使宁蒙河段河道淤积加剧，水流携沙能力降低，同流量水位抬高，主河槽逐年萎缩。

不同时期宁蒙河段的冲淤变化呈现出宁蒙河段主河槽逐渐萎缩的特征，主要反映在纵剖面深泓点高程的不断抬高、横断面上主河槽过流面积减小、过流宽度增大、平均水深减小、断面向宽浅方向发展和同流量水位抬升及水流携沙能力降低等方面。

3.2.1　河道纵剖面变化

1. 深泓点高程历年变化情况

深泓点高程的变化从一定程度上能够反映河床冲淤调整情况。宁蒙河段各水文站断面深泓点高程历年变化情况如图 3-10～图 3-15 所示。

由图 3-10～图 3-12 可见，宁夏河段各水文站断面的深泓点高程变化不大。1986 年以前，下河沿站断面的深泓点高程有升有降，但总体变幅不大；青铜峡站和石嘴山站断面的深泓点高程均呈下降趋势，到 1986 年为止，两站的深泓点高程分别较 1965 年降低了 1.1m 和 0.7m 左右，平均每年分别降低 0.05m 和 0.03m 左右。1986 年以后，下河沿断面的深泓点高程呈现先升后降的趋势，但总体变化幅度不大，截至 2012 年，该站深泓点高程较 1986 年降低了 0.27m 左右，平均每年降低了 0.01m 左右；青铜峡站断面的深泓点高程变化很小；石嘴山站断面的深泓点高程升降相间，截至 2012 年，其深泓点较 1986 年

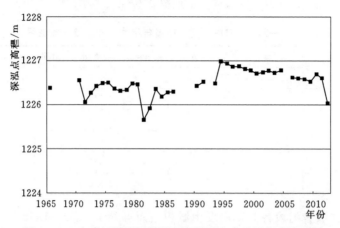

图 3-10 宁夏河段下河沿站断面深泓点高程历年变化情况

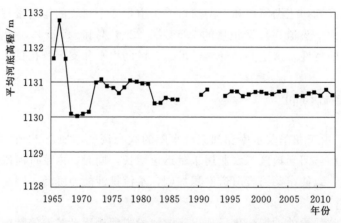

图 3-11 宁夏河段青铜峡站断面深泓点高程历年变化情况

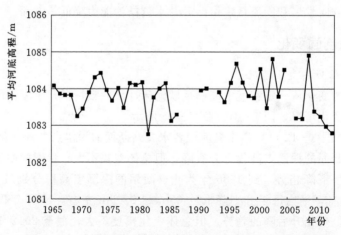

图 3-12 宁夏河段石嘴山站断面深泓点高程历年变化情况

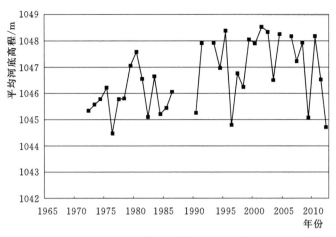

图 3-13　内蒙古河段巴彦高勒站断面深泓点高程历年变化情况

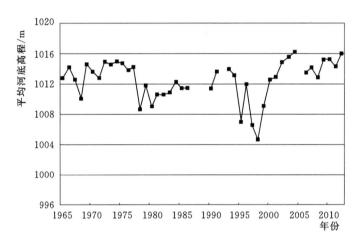

图 3-14　内蒙古河段三湖河口站断面深泓点高程历年变化情况

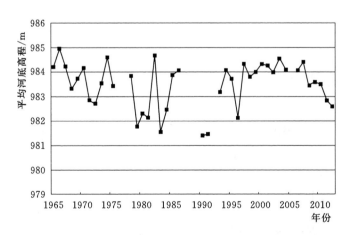

图 3-15　内蒙古河段头道拐站断面深泓点高程历年变化情况

降低了 0.50m，平均每年降低了 0.019m。

由图 3-13～图 3-15 可见，内蒙古河段各水文站断面的深泓点高程变化幅度较大。1986 年以前，巴彦高勒站断面深泓点高程呈现抬升趋势，到 1986 年为止，较 1972 年抬升了 0.7m 左右，年均抬升 0.05m 左右；三湖河口站断面深泓点高程呈现降低趋势，到 1986 年为止，较 1965 年降低了 1.3m 左右，年均降低 0.07m 左右；头道拐站断面深泓点高程呈现降低的趋势，到 1986 年为止，较 1965 年降低了 1.1m 左右，年均降低 0.05m 左右。1986 年以后，巴彦高勒站断面深泓点高程有升有降，且年际间变化幅度较大，最大可达 3.5m 左右，总体来看，截至 2010 年，较 1986 年抬升了 2.0m 左右，年均抬升了 0.095m，近两年来出现明显降低，到 2012 年，其深泓点高程较 2010 年下降了 3.4m 左右；三湖河口站断面深泓点高程呈现出先降后升的趋势，1998 年较 1986 年降低了 6.77m 左右，年均降低了 0.52m 左右，随后深泓点呈现明显抬升，截至 2012 年，深泓点高程较 1998 年抬升了 11.2m，年均抬升了 0.75m 左右；1986—2008 年，头道拐站断面深泓点高程有升有降，但总的来看变化很小，2008 年以后其深泓点高程有所降低，截止 2012 年，其深泓点较 2008 年降低了 1.81m，年均降低了 0.36m 左右。

2. 深泓点高程沿程变化

黄河上游宁蒙河段各典型水文站断面 1968 年、1986 年和 2012 年深泓点沿程变化情况如表 3-7 和图 3-16 所示。

表 3-7　　黄河上游宁蒙河段 1968 年、1986 年和 2012 年深泓点沿程变化

断面名	距下河沿距离/km	断面深泓点高程/m		
		1968 年	1986 年	2012 年
下河沿	0	1226.38	1226.30	1226.03
青铜峡	88.66	1130.08	1130.49	1130.62
石嘴山	279.94	1083.85	1082.41	1082.81
巴彦高勒	421.34	1045.32	1046.10	1044.72
三湖河口	642.44	1010.14	1011.42	1015.85
头道拐	952.44	983.33	984.05	982.58

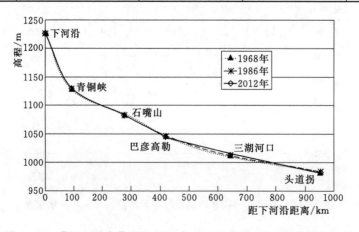

图 3-16　黄河上游宁蒙河段 1968 年、1986 年和 2012 年纵剖面变化

由表 3-7 和图 3-16 可见：1968—1986 年黄河宁蒙河段沿程主槽深泓点高程总体变化不大，局部来看，下河沿站和青铜峡站变化很小；石嘴山站降低了 1.4m 左右，年均降低 0.08m 左右；巴彦高勒站和三湖河口站均有所抬升，分别抬升了 0.8m 和 1.3m 左右，年均抬升 0.04m 和 0.07m 左右；头道拐站抬升了 0.7m 左右，年均抬升了 0.04m 左右。1987—2012 年宁夏河段下河沿站深泓点高程略有降低、而青铜峡站深泓点高程略有抬升，但总体上变化幅度不大，年均变化幅度均小于 0.01m，内蒙古河段石嘴山站深泓点高程有所抬升，抬升了 0.40m，年均抬升了 0.015m 左右，巴彦高勒站和头道拐站深泓点高程均有所降低，分别降低了 1.38m 和 1.47m，年均分别降低了 0.053m 和 0.057m 左右，三湖河口站深泓点高程出现明显的抬升，约抬升了 4.43m，年均抬升了 0.17m 左右。

由以上分析可知，沿程各水文站断面深泓点的变化显示出黄河上游宁蒙河段历年的冲淤调整情况：在 1986 年龙羊峡、刘家峡两库联合运用前，宁夏河段总体呈冲刷状态，其中下河沿—青铜峡河段淤积，青铜峡—石嘴山河段冲刷；内蒙古河段总体呈淤积状态，其中石嘴山—三湖河口河段淤积相对较少，三湖河口—头道拐河段淤积较多。1986 年以后，宁蒙河段均呈现淤积状态，其中宁夏河段淤积较少，淤积主要发生在内蒙古河段，尤以三湖河口站附近淤积最为严重。

近年来，黄河内蒙古河段深泓点高程呈现抬升趋势，主要是因为自 1961 年起，盐锅峡、刘家峡等上游水库陆续投入运用，特别是 1986 年龙羊峡、刘家峡两库联合运用后，调节了径流，改变了来水来沙条件，流量过程趋于均匀，中小水持续历时加长，导致河道淤积严重，使得内蒙古河段深泓点高程有所抬升，尤其三湖河口站附近抬升较大。

3.2.2 河道横断面变化

1. 河道横断面变化概况

图 3-17 为宁蒙河段沿程典型水文站的实测大断面套绘图。从图 3-17 中的 1986 年汛前和 2012 年汛前的断面对比可以看出，宁蒙河段的淤积主要集中在内蒙古河段，宁夏

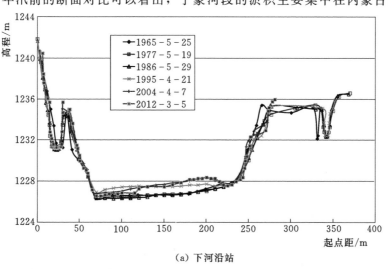

(a) 下河沿站

图 3-17（一）　宁蒙河段沿程典型水文站实测大断面套绘图

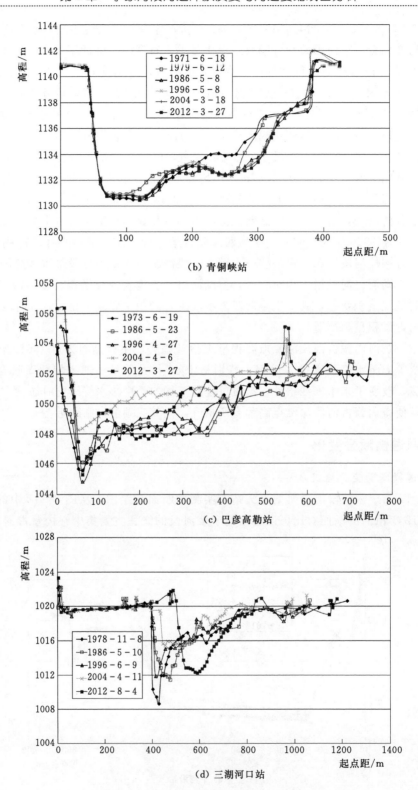

（b）青铜峡站

（c）巴彦高勒站

（d）三湖河口站

图 3-17(二)　宁蒙河段沿程典型水文站实测大断面套绘图

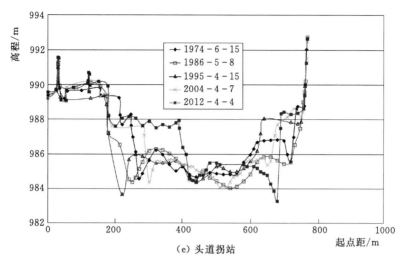

（e）头道拐站

图3-17（三）　宁蒙河段沿程典型水文站实测大断面套绘图

河段淤积主要发生在主槽，但淤积量很少，甚至局部主河槽有微冲情况，宁夏河段水文站断面形态变化小，年际波动幅度小，相对保持稳定状态；内蒙古河段淤积严重，横断面形态变化波动幅度较大，巴彦高勒和三湖河口断面主河槽宽度均明显减小，头道拐断面主河槽宽度变幅较小。

2．主槽过流面积变化特点

图3-18所示为1965—2012年黄河上游宁夏河段典型断面历年平滩水位下的主槽过流面积随时间的变化情况。由图3-18可见，1986年以前，下河沿站和石嘴山站断面主槽过流面积变化不大，而青铜峡站断面主槽过流面积略呈增加趋势，到1986年为止，较1965年增加了300m² 左右，约增加了23.2%；1986年以后，下河沿站断面主槽过流面积

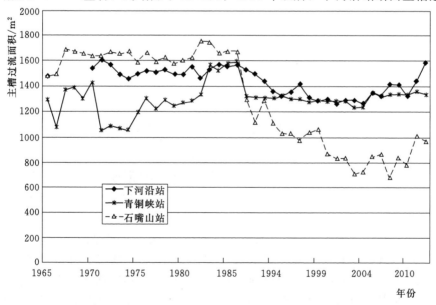

图3-18　黄河上游宁夏河段各水文站断面主槽过流面积随时间变化

先减后增，青铜峡站主槽过流面积略有减小，而石嘴山站过流面积则出现明显减小，截至
2012 年，下河沿站主槽过流面积与 1986 年变化不大，青铜峡站和石嘴山站主槽过流面积
分别较 1986 年减小了 256.9m² 和 710.9m²，分别约减小了 16.1% 和 42.3%。

　　图 3-19 所示为 1965—2004 年黄河上游内蒙古河段典型断面历年平滩水位下的过流
面积随时间的变化情况。由图 3-19 可见，1986 年以前，巴彦高勒站和头道拐站断面主
槽过流面积呈现明显的增加趋势，截至 1986 年，巴彦高勒站断面主槽过流面积较 1972 年
增加了 380m² 左右，约增加了 29.2%，头道拐站断面主槽过流面积较 1965 年增加了
750m² 左右，约增加了 57.1%，三湖河口站断面主槽过流面积有升有降，从 1986 年与
1965 年的对比来看，其变化不大；1986 年以后，巴彦高勒站、三湖河口站和头道拐站主
槽过流面积均呈显著的减小趋势，到 2010 年为止，分别较 1986 年减小了 844m²、786m²
和 972m² 左右，分别约减小了 50.0%、54.8% 和 46.8%，而近两年其主槽过流面积又有
所增加，截止 2012 年，巴彦高勒、三湖河口和头道拐站主槽过流面积分别较 2010 年增加
了 702m²、103m² 和 220m²。

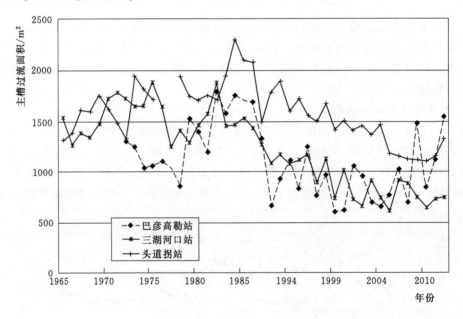

图 3-19　黄河上游内蒙古河段各水文站断面主槽过流面积随时间变化

3. 主槽宽度变化特点

　　图 3-20 所示为 1965—2012 年黄河上游宁夏河段典型断面历年平滩水位下的河宽随
时间的变化情况。由图 3-20 可见，1986 年以前，下河沿站和石嘴山站断面的平滩宽度
变化不大，青铜峡站有增有减，从 1986 年与 1965 年的对比来看，其变化不大；1986 年
以后，下河沿站和青铜峡站断面的平滩河宽变化不大，石嘴山站平滩河宽呈现明显的减小
趋势，由 1986 年的 360m 左右减小到 2012 年的 244m 左右，缩窄了约 32.2%。

　　图 3-21 所示为 1965—2012 年黄河上游内蒙古河段典型断面历年平滩水位下的河宽
随时间的变化情况。由图 3-21 可见，1986 年以前，巴彦高勒站和头道拐站断面平滩河
宽呈现增加趋势，巴彦高勒站断面的平滩河宽由 1972 年的 450m 左右增加到 1986 年的

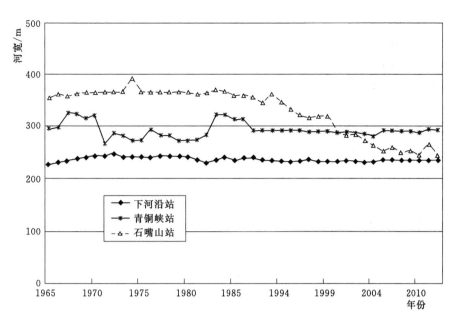

图 3 - 20 黄河上游宁夏河段各水文站断面平滩河宽随时间变化

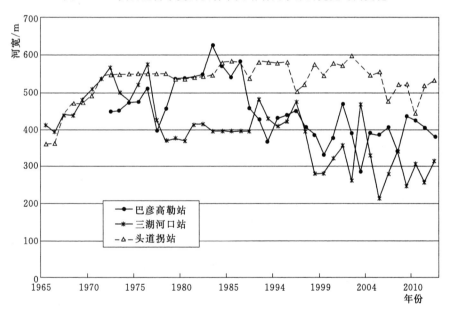

图 3 - 21 黄河上游内蒙古河段各水文站断面平滩河宽随时间变化

580m 左右，约展宽了 28.9%，头道拐站断面的平滩河宽由 1965 年的 360m 左右增加到 1986 年的 580m 左右，约展宽了 37.9%，三湖河口站断面平滩河宽有增有减，从 1986 年 与 1965 年对比来看，其变化不大；1986 年以后，巴彦高勒站和三湖河口站断面平滩河宽 均呈现减小趋势，到 2012 年为止，巴彦高勒站和三湖河口站断面平滩河宽分别为 382m 和 314m 左右，分别较 1986 年缩窄了 34.3% 和 20.6%，头道拐站断面平滩河宽有增有 减，从 2012 年与 1986 年对比来看，略有缩窄，约缩窄了 8.1%。

4. 平均水深变化特点

图 3-22 所示为1965—2012年黄河上游宁夏河段典型断面历年平滩水位下的平均水深随时间的变化情况。由图 3-22 可见，1986 年以前，下河沿站和石嘴山站断面的平均水深变化不大，青铜峡站断面的平均水深呈现增大的趋势，由 1965 年的 4.4m 左右增大到 1986 年的 5.1m 左右；1986 年以后，下河沿、青铜峡和石嘴山站断面的平均水深均呈现先减小后增大的趋势，到 2012 年为止，下河沿站平均水深较 1986 年增加了 0.21m，青铜峡站和石嘴山站分别较 1986 年减小了 0.52m 和 0.70m。

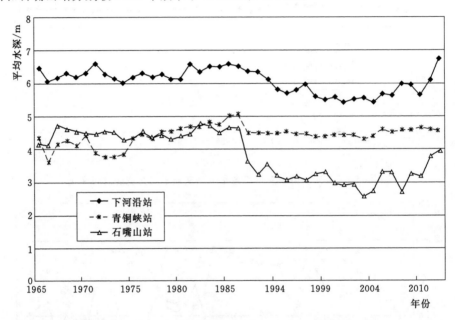

图 3-22　黄河上游宁夏河段各水文站断面平均水深随时间变化

图 3-23 所示为1965—2012年黄河上游内蒙古河段典型断面历年平滩水位下的平均水深随时间的变化情况。由图 3-23 可见，1986 年以前，内蒙古河段各水文站断面的平均水深有增有减，从总的趋势来看，其变化不大；1986 年以后，巴彦高勒站断面平均水深呈现先减小后增加的趋势，而三湖河口站和头道拐站断面的平均水深均呈现减小的趋势，到 2012 年为止，巴彦高勒站断面平均水深较 1986 年增加了 1.15m，而三湖河口站和头道拐站断面的平均水深分别减小了 1.24m 和 1.09m。

5. 宽深比变化特点

图 3-24 所示为1965—2012年黄河上游宁夏河段典型断面历年平滩水位下的宽深比随时间的变化情况。由图 3-24 可见，1986 年以前，下河沿站断面的宽深比变化不大，青铜峡站和石嘴山站断面的宽深比略呈减小趋势，分别从 1965 年的 3.9 和 4.5 左右减小到 1986 年的 3.5 和 4.0 左右；1986 年以后，下河沿站和青铜峡站断面的宽深比变化不大，而石嘴山站呈现出明显的先增加后减小的趋势，最大由 1986 年的 4.0 增加到 2003 年的 6.5 左右，随后又降至 2012 年的 4.0 左右。

图 3-25 所示为1965—2012年黄河上游内蒙古河段典型断面历年平滩水位下宽深比

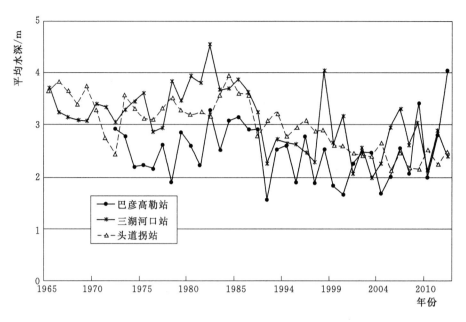

图3-23 黄河上游内蒙古河段各水文站断面平均水深随时间变化

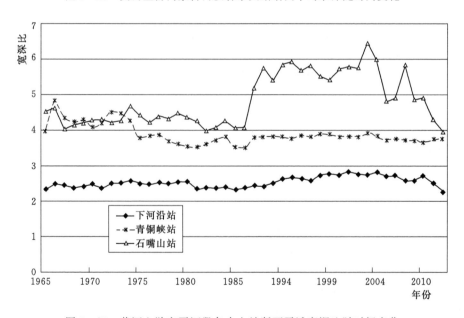

图3-24 黄河上游宁夏河段各水文站断面平滩宽深比随时间变化

随时间的变化情况。由图可见,内蒙古河段各典型断面的宽深比年际间变化幅度较大,具体而言,1986年以前,巴彦高勒站和头道拐站断面的宽深比有增有减,总体来看,略呈增加趋势,分别由1972年的7.2和1965年的5.2左右增加到1986年的8.3和6.7左右,三湖河口站站断面的宽深比有增有减,对比1986年与1965年的宽深比来看,变化不大;1986年以后,巴彦高勒站、三湖河口站和头道拐站断面的宽深比增减相间,巴彦高勒站断面的宽深比先增加到2004年的11.7左右,随后又降至2012年的4.8左右,截至2012

年，三湖河口站和头道拐站断面的宽深比分别增加到 7.4 和 9.3 左右。

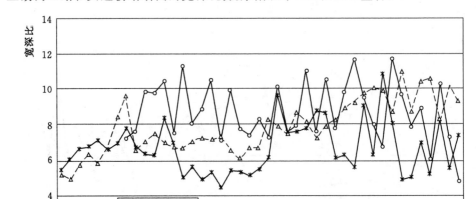

图 3-25　黄河上游内蒙古河段各水文站断面平滩宽深比随时间变化

综合上述分析可知，龙羊峡水库和刘家峡水库联合调度运用以来，宁夏河段各典型断面的主槽过流面积、平均水深和平均河宽及平均宽深比等断面形态参数均变化不大，说明宁夏河段断面相对比较稳定；内蒙古河段各典型断面的主槽过流面积出现不同程度的减小、宽深比出现不同程度的增加，且年际间变化幅度较大，尤以三湖河口站断面附近河段更为突出，由此表明该河段主河槽趋于宽浅发展。

3.2.3　同流量水位变化

同流量水位变化情况反映了河底平均高程的变化情况，从一定程度上也反映了河床的冲淤调整情况，即同流量水位抬高，则说明河床发生了淤积。由于近年来进入宁蒙河段的水量大幅减少，尤其是进入内蒙古河段，部分年份的洪峰流量已不足 $1000 \text{m}^3/\text{s}$，因此，在本次研究中，选用 $1000 \text{m}^3/\text{s}$ 流量对应的水位来分析宁蒙河段的冲淤调整情况。各典型断面 $1000 \text{m}^3/\text{s}$ 同流量水位历年变化情况如图 3-26 所示，表 3-8 为宁蒙河段各典型断面不同时期 $1000 \text{m}^3/\text{s}$ 同流量水位变化情况。

表 3-8　　　宁蒙河段各水文站同流量（$1000 \text{m}^3/\text{s}$）水位升（+）降（-）值　　　单位：m

站名	1960—1968 年	1968—1986 年	1986—2004 年	1986—2012 年
下河沿	0.02	0.03	0.15	0.13
青铜峡	−0.28	−0.75	−0.08	0.03
石嘴山	−0.10	−0.07	0.09	0.17
巴彦高勒	—	0.17	1.79	1.10
三湖河口	−0.83	−0.16	1.75	1.43
头道拐	−0.33	−0.32	0.22	0.29

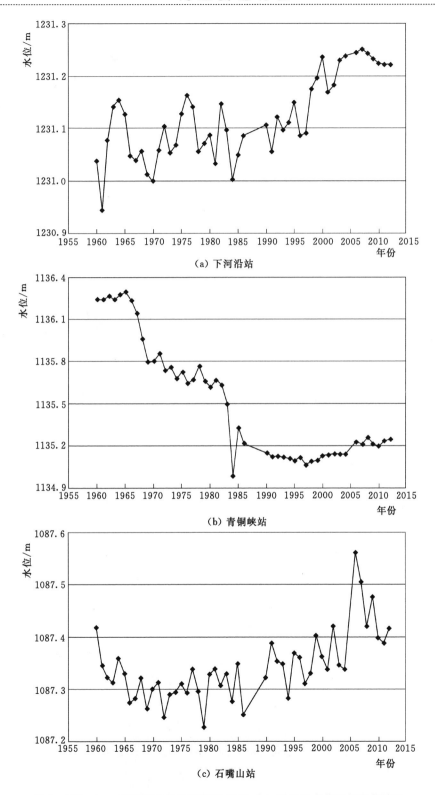

图 3-26(一)　宁蒙河段各典型断面 1000m³/s 同流量水位历年变化情况

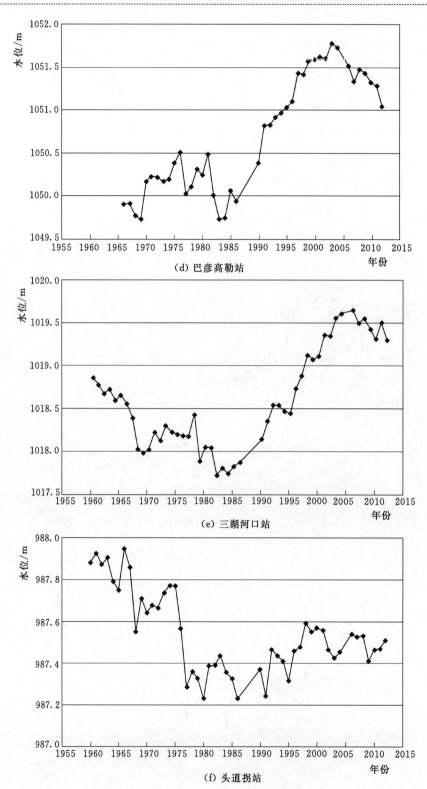

（d）巴彦高勒站

（e）三湖河口站

（f）头道拐站

图 3-26（二） 宁蒙河段各典型断面 1000m³/s 同流量水位历年变化情况

由图 3-26 和表 3-8 可见：①下河沿站断面同流量下的水位总体上呈现抬升趋势，但其变化幅度不大，其变化范围均在 0.2m 以内。具体而言，1986 年较 1968 年仅累计抬升了 0.03m 左右，2012 年较 1986 年累计抬升了 0.13m 左右。②青铜峡断面河床的变化受青铜峡水库运用的影响较大，在 1967 年青铜峡水库投入运用之前，其 1000m³/s 同流量水位基本稳定在 1136.2～1136.3m 之间；青铜峡水库运用后，由于水库的蓄水拦沙作用，使得青铜峡断面河床受到冲刷，青铜峡断面 1000m³/s 同流量水位也有较大的降低，到 1969 年为止，降低了 0.45m，之后下降趋势有所减缓，到 1982 年又降低了 0.16m，1982 年开始下降速度再次增大，最多降低了 0.65m，到 1986 年又累计降低了 0.42m，因此，1967—1986 年期间累计降低了 1.03m，平均每年降低了 0.05m 左右；1986 年以后，青铜峡断面 1000m³/s 同流量水位基本稳定在 1135.2m 左右。③石嘴山断面 1000m³/s 同流量水位年际间变化相对较小，变化范围在 0.35m 以内，1960—1986 年期间累计降低了 0.17m 左右，1986—2012 年期间累计抬升了 0.17m 左右。因此，长期来看石嘴山断面同流量水位相对稳定。④受三盛公水利枢纽及青铜峡水库蓄水拦沙的影响，巴彦高勒断面 1000m³/s 同流量水位有升有降，1986 年较 1968 年累计抬升了 0.17m；1986 年以后，受龙羊峡、刘家峡两库联合调度的影响，其 1000m³/s 同流量水位呈现加速抬升趋势，到 2004 年为止，累计抬升了 1.79m，平均每年抬升了 0.1m 左右，近年来又有所降低，截至 2012 年，其同流量水位又较 2004 年降低了 0.69m。⑤三湖河口断面 1000m³/s 同流量水位同样受到上游各水利枢纽和水库投入运用的影响，1960—1968 年呈现加速下降趋势，在此期间累计降低了 0.83m；1968—1986 年，1000m³/s 同流量水位略有升降，到 1986 年为止，累计降低了 0.16m；1986 年以后，三湖河口断面 1000m³/s 同流量水位呈现持续抬升态势，到 2004 年为止，累计抬升了 1.75m，平均每年抬升了 0.097m；随后开始呈现下降趋势，截至 2012 年，较 2004 年累计下降了 0.32m。⑥头道拐断面 1986 年以前 1000m³/s 同流量水位年际间有升有降，但总体上呈现下降趋势，1968 年较 1960 年下降了 0.33m，1968 年以后出现回升，到 1975 年累计回升了 0.21m，1975 年以后进入加速下降趋势，到 1986 年为止，累计降低了 0.54m；1986 年以后，1000m³/s 同流量水位年际之间有升有降，总体来看略呈抬升趋势，到 2012 年止，累计抬升了 0.29，平均每年抬升了 0.011m。

综上所述，宁夏河段 1000m³/s 同流量水位历年变化幅度较小，这与上节计算得出的该河段多年冲淤变化不大的结论相一致。对于内蒙古河段而言，在 1968 年刘家峡水库运用以前，内蒙古河段各典型断面 1000m³/s 同流量水位均有不同程度的降低，这主要是受上游三盛公水利枢纽和青铜峡水库投入运用的影响以及该时期上游来水量偏丰所致；1968—1986 年期间，内蒙古河段各典型断面 1000m³/s 同流量水位均呈现升降相间，这一时期主要受刘家峡水库蓄水调节的影响；1986 年以后，龙羊峡、刘家峡两库联合调度以来，改变了黄河的来水来沙条件，内蒙古河段河床普遍发生淤积，各典型断面 1000m³/s 同流量水位均出现不同程度的抬升，其中巴彦高勒断面和三湖河口断面抬升最为明显，这也验证了上节计算得出的内蒙古河段尤其巴彦高勒—三湖河口和三湖河口—头道拐河段淤积最为严重的结论。

3.3　河道萎缩成因分析

3.3.1　水沙变化的影响

河道演变的根本原因就是输沙不平衡。这是因为河道演变是水流与河床相互作用的结果，这种作用是通过泥沙运动来实现的。水沙过程的变化必将引起河床的冲淤调整，因此，水沙条件是导致河道萎缩的主要因素，主要表现在以下几个方面。

1. 年水量的减少是造成黄河上游宁蒙河道萎缩的主要原因

受上游各水库相继投入运用尤其是龙羊峡、刘家峡水库联合调蓄和宁蒙河段沿程引水量增加等因素的影响，使得 1986 年以后进入宁蒙河道的年均水量大幅减少，势将造成宁蒙河道淤积萎缩。由于宁蒙河段以内蒙古河段淤积萎缩严重，因此，这里以内蒙古河段为例，如图 3-27 所示为内蒙古河段进口站石嘴山站年来水量和年来沙量及内蒙古河段冲淤量的历年变化过程。

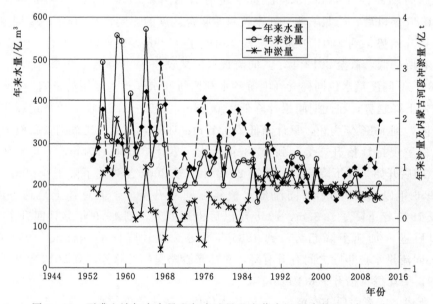

图 3-27　石嘴山站年来水量和年来沙量及内蒙古河段冲淤量历年变化过程

由图 3-27 可见，内蒙古河段冲淤量与河段进口站石嘴山站的来水量和来沙量存在一定的规律，即石嘴山站年来水量大、来沙量小，则内蒙古河段河道表现为冲刷；当其年来沙量大、来水量小，则内蒙古河段河道表现为淤积。表 3-9 所示为各时期石嘴山站年均来水量和年均来沙量及内蒙古河段相应时期年均冲淤量的统计情况。

表 3-9　　各时期石嘴山站年来水量和年来沙量及内蒙古河段年均淤积量统计表

时　段	年均来水量/亿 m³	年均来沙量/亿 t	内蒙古河段年均淤积量/亿 t
1953—1968 年	323.15	2.07	0.56
1969—1986 年	295.91	0.97	0.21
1987—2012 年	227.58	0.75	0.67

由表 3-9 可见：①1953—1968 年刘家峡水库修建前，石嘴山站年均来水量和年均来沙量分别为 323.15 亿 m³ 和 2.07 亿 t，该时期内蒙古河段年均淤积量为 0.56 亿 t，淤积主要是因为该时期来沙量偏丰、来水量较丰，但不足以携带该时期的来沙量所致，譬如 1958 年、1959 年和 1964 年来沙量分别为 3.66 亿 t、3.55 亿 t 和 3.77 亿 t，而相应当年的来水量分别为 305.10 亿 m³、300.99 亿 m³ 和 424.86 亿 m³，相应的内蒙古河段当年的淤积量分别为 1.98 亿 t、1.64 亿 t 和 1.02 亿 t，仅这 3 年内蒙古河段淤积量就高达 4.64 亿 t，年均淤积量为 1.55 亿 t；②1969—1986 年刘家峡水库单独运用期间，石嘴山站年均来水量和年均来沙量分别为 295.91 亿 m³ 和 0.97 亿 t，相应的较 1953—1968 年的年均来水量和来沙量分别减小了 8.4% 和 53.1%，该时期内蒙古河段年际间淤多冲少，年均淤积了 0.21 亿 t，较 1953—1968 年淤积减少较大，主要是因为该时期来沙量减幅较大所致，但该时期的来水量仍然不能完全携带该时期的来沙量，致使河道仍然处于淤积状态；③1987—2012 年龙羊峡、刘家峡两库联合调度时期，石嘴山站年均来水量和年均来沙量分别为 227.58 亿 m³ 和 0.75 亿 t，较 1969—1986 年的年均来水量和来沙量分别减少了 23.1% 和 22.7%，较 1953—1968 年分别减少了 29.8% 和 63.4%，而该时期内蒙古河段普遍发生淤积，年均淤积量约为 0.67 亿 t，由此可见，尽管沙量减少的比例比水量减少的比例大，但由于水流的输沙能力与流量成高次方关系，即该时期的年均输沙能力减小的更大，因此，1987—2012 年内蒙古河段淤积情况较 1986 年以前更为严重。

2. 水沙量年内分配的不协调是河道淤积萎缩的另一重要原因

1986 年黄河上游龙羊峡水库和刘家峡水库在汛期开始联合蓄水调节，使得进入黄河宁蒙河段的水沙年内分配发生变异，汛期水量大幅减少，相应流量被大幅削减，而沙量减少相对较少，致使河道淤积萎缩更加严重。仍以内蒙古河段的进口站石嘴山站为例，见表 3-10。

表 3-10　　　各时期石嘴山站来水来沙及内蒙古河段冲淤量年内分配统计表

时　段	来水量/亿 m³		来沙量/亿 t		内蒙古河段冲淤量/亿 t	
	汛期	非汛期	汛期	非汛期	汛期	非汛期
1953—1968 年	202.20	120.95	1.69	0.38	＋0.39	＋0.17
1969—1986 年	162.36	133.55	0.71	0.26	＋0.06	＋0.15
1987—2012 年	101.08	126.51	0.49	0.27	＋0.47	＋0.20

由表 3-10 可见：①1953—1968 年石嘴山站汛期水量和非汛期水量的比例是 62.6：37.4，汛期沙量和非汛期沙量的比例为 81.8：18.2，该时期内蒙古河段汛期淤积较多，年均淤积 0.39 亿 t，非汛期年均淤积 0.17 亿 t，淤积较多主要是因为该时期来沙量较大所致；②1969—1986 年由于上游来水来沙的变化和刘家峡水库的调蓄作用，石嘴山站汛期水量和非汛期水量的比例调整为 54.9：45.1，汛期沙量和非汛期沙量的比例调整为 73.5：26.5，该时期内蒙古河段汛期和非汛期淤积相对较少，年均淤积量分别为 0.06 亿 t 和 0.15 亿 t，该时期汛期年均淤积较 1953—1968 年减少较多，主要是因为该时期汛期来沙量减少幅度较大，由 1.69 亿 t 减少为 0.71 亿 t，非汛期与 1953—1968 年年均淤积基本持平；③1987—2012 年在上游来水来沙继续大幅减少和龙羊峡、刘家峡两库联合调度下，

石嘴山站汛期水量和非汛期水量的比例进一步调整到 44.4：55.6，而汛期沙量和非汛期沙量的比例调整为 64.6：35.4，该时期内蒙古河段汛期淤积严重，非汛期淤积也较 1986 年以前为多，年均淤积量分别为 0.53 亿 t 和 0.22 亿 t，该时期汛期的水量经过调整已小于非汛期的水量，相应的日均最大流量也由 1986 年以前的 5600m³/s 减小到 3300m³/s，1990 年以后已不足 2000m³/s，携沙能力必然降低，同时该时期来沙量减小幅度较小，因此，汛期的淤积要较 1986 年以前更为严重，该时期非汛期水量较 1986 年以前有所减小、非汛期沙量较 1986 年以前有所增加，但其变化幅度均不大，致使非汛期年均淤积量略大于 1986 年以前的年均淤积量。

综上所述，1986 年龙羊峡水库运用以后，由于水沙过程发生变化，即年均水量的减少、大流量持续时间的减少和小流量持续时间的增加，尤其是汛期洪峰流量的减小，减少了洪水漫滩的淤积，使得进入宁蒙河段的流量小、含沙量相对偏大，携沙水流沿程必然进行自动调整，其调整过程就是使这种不协调的水沙关系调整趋于协调的过程，即泥沙落淤、河床淤积、河槽萎缩的过程。因此，1986 年以后，宁蒙河段水沙过程的变化，致使宁蒙河道主河槽淤积萎缩严重，造成同流量水位抬升、河道排洪能力降低，水流携沙能力下降。

3.3.2　河道边界条件的影响

宁蒙河段是黄河上游的下段，其中宁夏河段河床主要是由砂卵石组成，坡度较陡，水流集中，断面形态相对稳定；而内蒙古河段为沙质河床，多数河道宽浅，比降平缓，河心滩和串沟支汊较多，属平原弯曲型河道。由于干流大部分堤段高度不足，缺口多，难以防御冰凌和洪水灾害；河道整治工程少，河势游荡，断面冲淤变化大，河槽摆动比较大，且横向摆动频繁，以河槽宽度减小为主；还有与河争地现象严重，将河道的二级滩地改造成农田，改变了平原游荡型河流泥沙输移演变的边界条件，使断面的过流能力明显减弱；再有龙羊峡、刘家峡两库联合运用后，在调蓄洪水的同时，使得中小水持续时间加长，减少了水流大漫滩的机会，进而使其淤滩作用减弱，水流坐弯顶冲淘刷河岸的能力增强，造成滩岸坍塌严重，加速河槽淤积速度，促进河槽萎缩，降低了河道的排洪能力。

因此，生产堤等不利的河道边界条件是宁蒙河段河道淤积萎缩的加速因素。

3.3.3　十大孔兑的影响

宁蒙河段的十大孔兑属季节性河流，据中国科学院寒区旱区环境与工程研究所《黄河磴口—河口镇段河道淤积泥沙来源分析及治理对策》分析研究成果，十大孔兑汛期 4 个月的水量占年水量的 60%～80%，多年平均流量为 4.92m³/s，多年平均沙量 2710 万 t，含沙量 175kg/m³。洪水是由暴雨形成，由于十大孔兑的发源地与黄河落差为 400～500m，河道比降大，洪水陡涨陡落，水大沙多，一次洪水输沙模数可达 3 万～4 万 t/km²，有时会产生毁灭性极大的泥流。

十大孔兑在暴雨时期形成的峰高量大、含沙量高的洪水，把大量泥沙带入黄河干流，由于进入黄河后，坡度减缓、河道变宽、水流携沙能力降低，常常在入黄口处形成扇形淤积，在干流形成沙坝淤堵黄河。黄河的淤积阻塞程度受支流和干流水沙的共同影响，如果上游来水流量大，水流携沙能力强，形成的沙坝就会在短时间内冲蚀消失；否则，当十大孔兑高含沙洪水入黄时，适逢干流削峰，流量减小，稀释高含沙洪水的能力减弱，就会使得沙坝淤堵黄河的持续时间较长。资料统计表明，1961年8月、1966年8月在西柳沟入黄口处均出现过沙坝短时间淤堵黄河的情况。1966年8月形成沙坝后的最高水位较受阻前上涨2.33m，适逢当时2000m³/s左右的流量，约1天即恢复正常。1986年以后，由于龙羊峡、刘家峡两库联合运用后，洪峰流量调平，中小水时间加长，使这种局部淤堵情况加重。1989年7月21日，西柳沟发生6940m³/s洪水，来水量0.735亿m³，来沙量0.474亿t，实测最大含沙量1240kg/m³。黄河流量在1000m³/s左右，在入黄口处形成长600多m、宽约7km、高5m多的沙坝，堆积泥沙约3000万t，使河口上游1.5km处的昭君坟站同流量水位猛涨2.18m，超过1981年5450m³/s时洪水位0.52m，造成包钢3号取水口1000m长管道淤死，4座辐射沉淀池管道全部淤塞，严重影响了包头市和包钢的供水。8月15日，主槽全部冲开，水位恢复正常。这次洪水黄河上游来水较丰，入库流量为2300m³/s，出库流量却只有700m³/s，加重了河道淤堵。

1998年7月5日，西柳沟出现1600m³/s高含沙洪水，但黄河流量只有100m³/s，西柳沟洪水淤堵黄河，在包钢取水口附近形成沙坝，取水口全部堵塞。7月12日，西柳沟再次出现流量2000m³/s的高含沙洪水，黄河流量400m³/s左右，在入黄口处形成长10余km的沙坝，河床抬高6~7m，包钢取水口又一次严重堵塞，正常取水中断。

由前述分析可知，十大孔兑入黄口均位于三湖河口—头道拐河段之间，而且其来沙98%以上都集中在汛期，孔兑前期来沙在入黄口处落淤，并未及时被黄河干流水流带走，这势必就会影响当年孔兑来沙的水流带走情况，致使其成为三湖河口—头道拐河段淤积的因素之一。

综上所述，1986年以后，龙羊峡、刘家峡两库联合调蓄对黄河宁蒙河段洪峰的削减作用十分显著，如遇到内蒙古十大孔兑高含沙洪水时，由于孔兑前期和当年来沙在黄河干流的先后落淤、干流流量减小，稀释支流高含沙洪水的能力减弱，则就会增加了形成沙坝淤堵黄河的可能性及程度，同时也会增长淤堵的时间。

3.3.4 人类活动的影响

黄河宁蒙河段实测水沙量的沿程减少，除了各水库蓄水拦沙的原因外，还与该区间的人类活动情况即引水引沙量密切相关。引黄用水主要包括农业灌溉、工业用水、城镇生活用水等，表3-11所示为宁蒙河段不同时期汛期、年引水引沙量统计表。

表3-11　　　　　　　　宁蒙河段不同时期汛期、年引水引沙量统计表

时　段	汛　期				全　年			
	来水量 /亿m³	引水量 /亿m³	引沙量 /亿t	引水量/来水量 /%	来水量 /亿m³	引水量 /亿m³	引沙量 /亿t	引水量/来水量 /%
1961—1967年	240.71	58.52	0.297	24.3	378.88	103.03	0.359	27.2
1968—1986年	173.87	62.32	0.255	35.8	327.23	112.71	0.307	34.4
1987—2012年	111.91	63.00	0.327	56.3	260.54	121.81	0.401	46.8

由表 3-11 可见：①1961—1967 年，宁蒙河段年均引水量为 103.03 亿 m³，约占河段年来水量（是指下河沿站年均水量＋宁蒙河段区间年均来水量，下同）378.88 亿 m³ 的 27.2%，其中汛期年均引水量为 58.52 亿 m³，约占年均引水量的 56.8%，约占河段汛期来水量（是指下河沿站汛期年均水量＋宁蒙河段区间汛期年均来水量，下同）240.71 亿 m³ 的 24.3%；②1968—1986 年，宁蒙河段年均引水量为 112.71 亿 m³，约占河段年来水量 327.23 亿 m³ 的 34.4%，其中汛期年均引水量为 62.32 亿 m³，约占年均引水量的 55.3%，约占河段汛期来水量 173.87 亿 m³ 的 35.8%；③1987—2012 年，宁蒙河段年均引水量为 121.81 亿 m³，约占河段年来水量 260.54 亿 m³ 的 46.8%，其中汛期年均引水量为 63.00 亿 m³，约占年均引水量的 51.7%，约占河段汛期来水量 111.91 亿 m³ 的 56.3%；④从宁蒙河段引水量的时段变化来看，1968—1986 年年均引水量是 1961—1967 年的 1.09 倍，1987—2012 年年均引水量是 1961—1967 年年均引水量的 1.18 倍，但各时期年均引沙量变化不大，均在 0.3 亿～0.4 亿 t，汛期年均引沙量在 0.25 亿～0.33 亿 t 范围变化，其约占相应时期年均引沙量的 81.5%～83.1%，宁蒙河段引沙量主要集中在汛期。

由上述汛期年均引水量占河段汛期来水量的比例变化来看，引水对河道水沙条件的影响较大，由于龙羊峡、刘家峡两库的联合调度和上游来水来沙的持续减少，1987 年以后进入宁蒙河段的水量偏少，使得这一影响更大，1987 年以来汛期引水量占河段汛期来水量的比例较 1986 年以前增加明显，从 1961—1967 年的 24.3% 逐渐增加到 1968—1986 年的 35.8%，进而增加到 1987—2003 年的 56.3%，由于汛期是主要的来沙时期，大量的引水对河道输沙的影响尤其大，1987—2012 年宁蒙河段汛期年均来水量较 1961—1967 年减少了约 128.8 亿 m³，而相应期间的年均引水量却增加了约 4.5 亿 m³，从而使黄河宁蒙河道内输沙水量减少约 133 亿 m³，因此，大量引水与龙羊峡、刘家峡两水库蓄水削峰一起势必会使宁蒙河段河道输沙能力明显减弱，从而造成宁蒙河道淤积日益加重，促进河道萎缩。

3.3.5　水利工程的影响

1. 刘家峡水库运用对河道冲淤的影响

刘家峡水库是一座以发电为主，兼有防洪、灌溉、防凌任务的大型水利枢纽工程，总库容 57 亿 m³，1968 年 10 月 15 日开始蓄水，1969 年 11 月 5 日蓄至正常蓄水位，转入正常运用时期。刘家峡水库为不完全年调节水库，正常运用期的每年 6—10 月蓄水，11 月至次年 5 月泄水，1986 年 10 月以前，年均汛期蓄水 26.9 亿 m³，非汛期泄水 24.7 亿 m³，年内水量基本平衡。刘家峡水库库容大，控制了黄河上游约 1/3 左右的来沙量，因此刘家峡水库具有较大的拦沙作用。

刘家峡水库自 1968 年蓄水运用以来，削峰作用非常明显。汛期调蓄入库洪水，使出库洪峰流量明显削减，汛期洪水总量也有所减少，出库流量过程趋于均匀；非汛期泄水，下泄水量增加，流量过程普遍加大并趋于均匀。因此，通过水库的调蓄，使进出库径流过程有所变化，使宁蒙河段汛期水量减少，非汛期水量增加，改变了年内水量分配，据资料统计，黄河宁蒙河段沿程各水文站，汛期年均水量占多年平均年水量的百分比由 1968 年以前的 61.9%～63.0% 降为 1969—1986 年的 53.0%～54.9%。由于水库蓄水拦沙以及汛期水量的变化，使得沙量在年内分配也相应地发生变化，黄河宁蒙河段汛期年均沙量占多年平均年沙量的百分比由 1968 年以前的 81.3%～89.7% 变为 1969—1986 年的 73.5%～83.6% 左右。显然，汛期水量占年水量比例的下降幅度要大于汛期沙量占年沙量比例的下降幅度。

综上所述，刘家峡水库投入运用以来，虽然具有较大的拦沙作用，但由于其对径流的调蓄作用更加显著，改变了黄河天然的水沙分配和水沙运行规律，破坏了原有的相对平衡，使得进入宁蒙河段的汛期水量减少的比例大于沙量减少的比例，汛期含沙量有所增大，同时也使得宁蒙河段汛期洪峰流量削减明显、流量过程趋于均匀，致使河道排洪输沙能力降低，冲刷减弱，宁蒙河道淤积严重，促进河道萎缩发展。

2. 龙羊峡、刘家峡两库联合调度对河道冲淤演变的影响

龙羊峡水库是一座以发电为主，兼有灌溉、防洪、防凌等任务的大型水利枢纽，总库容 247 亿 m^3，调节库容 193.6 亿 m^3。1986 年 10 月 15 日开始蓄水，至 1989 年 11 月底为初期运用阶段，蓄水量 160 亿 m^3，之后，转入正常运用时期。龙羊峡水库为多年调节水库，正常运用期一般为每年 6 月至次年 10 月蓄水，11 月至次年 5 月泄水。龙羊峡水库初期蓄水阶段，龙羊峡、刘家峡两库汛期年均蓄水 52.45 亿 m^3，非汛期年均泄水 2.3 亿 m^3，年均蓄水 50.15 亿 m^3；龙羊峡水库正常运用时期，两库汛期年均蓄水 37.1 亿 m^3，非汛期年均泄水 48.62 亿 m^3，年均泄水 11.52 亿 m^3。

龙羊峡水库是黄河唯一能进行径流多年调节水库，龙羊峡、刘家峡两库是黄河上仅有的可进行蓄丰补枯运用的水库，提高了黄河水资源利用率，缓解了黄河断流损失，充分满足了黄河上游工农业用水，保障了其防洪、防凌安全，为促进社会经济发展作出了重要贡献。但在创造社会经济效益的同时，龙羊峡、刘家峡两库的联合调度，明显改变了宁蒙河段天然来水量的年内分配，即汛期来水占全年的比例明显减少，非汛期水量占年水量的比例增加。据资料统计，1986 年以来，宁蒙河段沿程各水文站，汛期年均水量占多年平均年水量的比例在刘家峡水库单库调节水沙的基础上（53.0%～54.9%）进一步减少为 36.2%～44.4%；与刘家峡水库运用以前（61.9%～63.0%）相比，年内来水分配发生了根本的变化。在汛期水量发生变化的同时，沙量的年内分配也相应地发生了变化。宁蒙河段汛期年均沙量占多年平均年沙量的比例也在刘家峡水库单库调节水沙的基础上（73.5%～83.6%）进一步减少为 57.3%～77.9%。由此可见，汛期水量占年水量比例的下降幅度要大于汛期沙量占年沙量比例的下降幅度。

龙羊峡、刘家峡两库联合调度极大程度的改变了天然的水沙过程，洪水被拦蓄，洪峰流量大幅度削减，使得汛期来水所具有的"峰高量多"的来水特点已基本不存在，且这种现象在平水或枯水年份表现得更为突出。也正是由于龙羊峡、刘家峡两库的调蓄能力强，使得 1987—2012 年间出库洪水流量很少超过 2000 m^3/s，凡流量超过 1000 m^3/s 的洪水都受到不同程度的削减，导致 500～1000 m^3/s 的水流出现天数相对大幅增加，而大流量水流作用相对衰减，平枯水作用相对增强，进而促使主槽淤积增多。

龙羊峡、刘家峡两库控制了黄河上游主要水量，两水库联合调节径流，洪峰削减，年

内来水重新分配，这一水沙条件的变异，对宁蒙河道河床演变带来很大的影响。主要表现在：汛期来水量减少，特别是洪峰流量的大幅削减，中枯流量历时加长；非汛期流量加大，年内泄水趋于均匀化，河道排洪输沙能力大大降低，平滩流量减小，进而引起河槽萎缩。

第4章 宁蒙河段河道断面形态与水沙变化的响应

4.1 河道输沙能力分析

  河道流量和输沙率的关系在一定程度上可以反映出该河道输沙能力的变化情况。通过前两章实测来水来沙资料分析可知，黄河上游宁蒙河段来沙约78%以上均来自汛期，也就是说汛期是其主要的输水输沙期。因此，本章分析宁蒙河道输沙能力主要考虑汛期的输沙能力。宁蒙河段1951—2012年沿程各水文站汛期分时段流量与输沙率的关系，如图4-1所示。

  由图4-1可见：①整体来看，宁蒙河段汛期输沙率随着汛期流量的增加呈现增大的趋势，内蒙古河段的增加趋势更加明显；②各水文站不同时段的汛期流量和输沙率明显不同，1968年刘家峡水库运用以前的点群位于右上方，刘家峡水库单独运用时期（1969—1986年）位于点群的中间，龙羊峡、刘家峡两库联合调度后（1987—2012年）位于点群

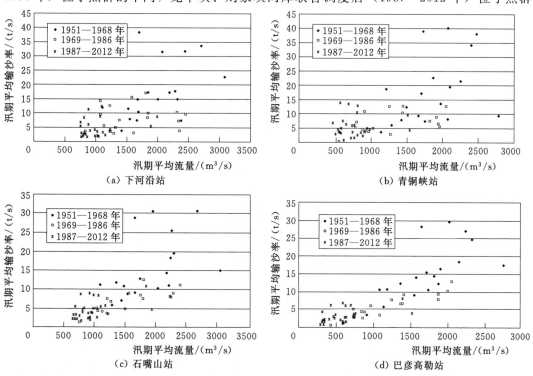

图4-1(一)　宁蒙河段沿程各水文站汛期流量与输沙率关系图

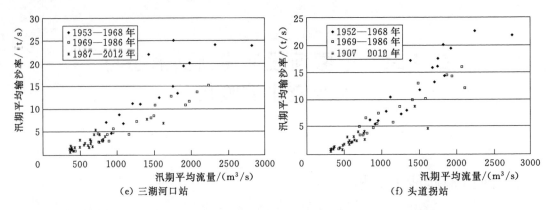

（e）三湖河口站　　　　　　　（f）头道拐站

图 4-1（二）　宁蒙河段沿程各水文站汛期流量与输沙率关系图

的左下方，由此表明汛期流量和输沙率均随时段递增而呈现逐渐衰减的趋势；③各水文站不同时段汛期输沙率随汛期流量增加而增大的幅度不同，1951—1968 年增加的趋势较为明显，1969—1986 年和 1987—2012 年增加的幅度基本一致，较为平缓，换言之，对于相同的汛期流量，1951—1968 年的相应汛期输沙率要明显大于其他两个时段，由此表明，1968 年以前宁蒙河道的输沙能力大于 1968 年以后的河道输沙能力，1969—1986 年和 1987—2012 年两个时段的河道输沙能力基本一致，当然，河道的输沙能力还与相应时段的来沙量大小也密切相关；④同一时段，各水文站输沙率自上游向下游有逐渐减小的趋势。宁夏河段最大输沙率在 30.5～40t/s 之间，内蒙古河段最大输沙率在 22.8～30t/s 之间。

进一步分析表明宁蒙河道的输沙特性随着来水来沙条件的变化而变化。在来水来沙条件发生变化的情况下，河床冲淤调整非常迅速，汛期输沙能力不仅随着汛期流量而变化而且也随着上站含沙量而变化，即随着上站汛期含沙量的增加，其相应的输沙能力也呈现增加的趋势，如图 4-2 和图 4-3 所示。

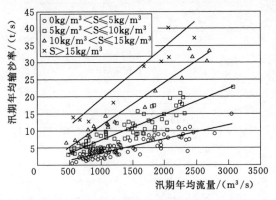

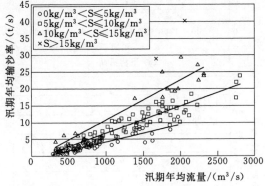

图 4-2　宁夏河段汛期年均水量与输沙率及　　图 4-3　内蒙古河段汛期年均水量与输沙率及
上站含沙量的关系　　　　　　　　上站含沙量的关系

因此，通过对本站流量与输沙率和上站含沙量的关系进行综合分析可分别得出宁夏河段和内蒙古河段汛期输沙率式（4-1）和式（4-2）。

宁夏河段：$\qquad Q_s = 0.000336 Q^{1.192} S_{\text{上}}^{0.852}$ $\qquad$ (4-1)

内蒙古河段：$\qquad Q_s = 0.000740 Q^{1.115} S_{\text{上}}^{0.751}$ $\qquad$ (4-2)

式（4-1）和式（4-2）的相关系数均达到 0.98 左右。采用上述公式可分别对宁夏河段和内蒙古河段的汛期输沙率进行计算，并将其计算值与相应河段汛期年均输沙率的实测值进行比较，如图 4-4 所示，宁夏河段和内蒙古河段汛期输沙率计算值与实测值基本一致，表明本次分析的输沙率计算式能够较好地反映实际情况。

因此，当来水条件相同时，来沙条件改变，河道的汛期输沙能力也发生变化。

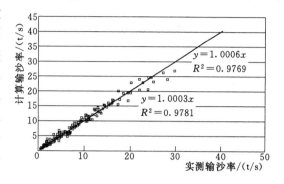

图 4-4　宁蒙河段分河段汛期实测输沙率与
计算输沙率比较

在一定的来水含沙量条件下，汛期输沙能力随汛期流量的增大而增大；在一定的流量条件下，汛期输沙能力随上站来水含沙量的增加而增大，这也在一定程度上反映了"多来多排"的输沙规律。

4.2　河道冲淤与来水来沙的响应

宁蒙河段境内河道多具有冲积性河道特征，来水来沙是影响冲积性河道冲淤演变的主要因素。在本节中，主要是根据实测资料，分析宁蒙河段河道冲淤量与相应河段来水来沙之间的响应关系，在这里，河道冲淤量主要采用单位水量冲淤量，即河段淤积量/相应河段进口水文站相应时期的来水量。

4.2.1　河道冲淤与来水量的响应

图 4-5 所示为宁蒙河段沿程各河段单位水量冲淤量与相应河段进口水文站水量和汛期水量的响应关系。由图 4-5 可见：①水量是影响宁蒙河段冲淤量的主要因素之一，相对而言，单位水量冲淤量与汛期水量的关系比与年水量的关系要好一些；②总的来看，各河段单位水量冲淤量均随着相应河段进口水文站水量的增加而减小；其中，下河沿—巴彦高勒河段减小的幅度较小，而巴彦高勒—头道拐河段减小的幅度较大；③经进一步分析得出，当下河沿站年水量约为 321 亿 m³ 和汛期水量约为 212 亿 m³ 时，宁夏河段基本可以达到冲淤平衡状态；当石嘴山站年水量约为 362 亿 m³ 和汛期水量约为 211 亿 m³ 时，内蒙古河段基本可以达到冲淤平衡状态。

进一步分析可知，若使宁蒙河段各河段基本达到冲淤平衡状态，所需的各河段进口站来水量有所差异，除了与河段来水来沙和河段河道本身的淤积特性有关之外，还主要受以下几个因素的影响：①下河沿—石嘴山河段和石嘴山—巴彦高勒河段区间均有引水渠引水，致使这两段所需的来水量较大；②三湖河口—头道拐河段区间的十大孔兑来沙较大，若使其不发生淤积，所需的来水量必然较大。

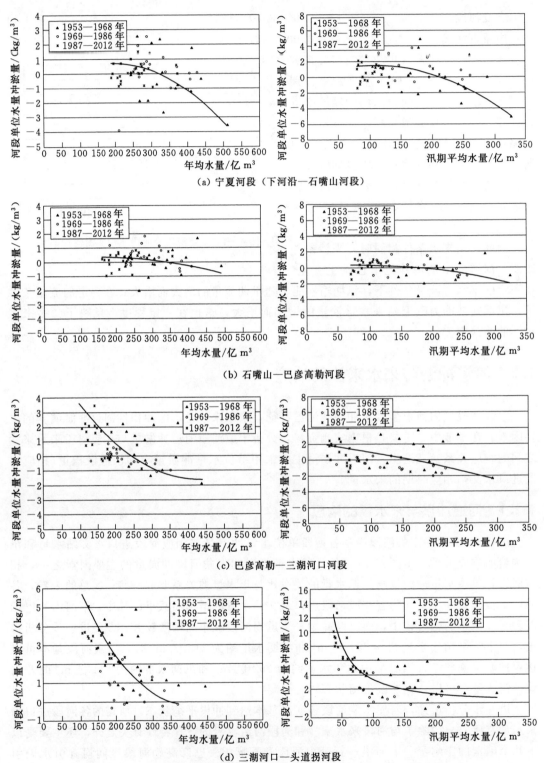

（a）宁夏河段（下河沿—石嘴山河段）

（b）石嘴山—巴彦高勒河段

（c）巴彦高勒—三湖河口河段

（d）三湖河口—头道拐河段

图 4-5（一）　各河段单位水量冲淤量与相应河段进口站来水量的响应关系

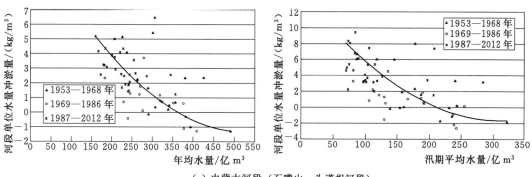

（e）内蒙古河段（石嘴山—头道拐河段）

图 4-5（二）　各河段单位水量冲淤量与相应河段进口站来水量的响应关系

4.2.2　河道冲淤与含沙量的响应

图 4-6 所示为宁蒙河段沿程各河段单位水量冲淤量与相应河段进口水文站含沙量的响应关系。

由图 4-6 可见：①1968 年以前，各河段单位水量冲淤量均随着相应河段进口水文站含沙量的增加呈现增加的趋势；②1968 年以后，除了三湖河口—头道拐河段之外，其他各河段单位水量冲淤量均随着相应河段进口水文站含沙量的增加呈现增加的趋势；这主要

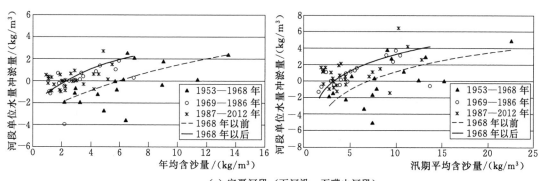

（a）宁夏河段（下河沿—石嘴山河段）

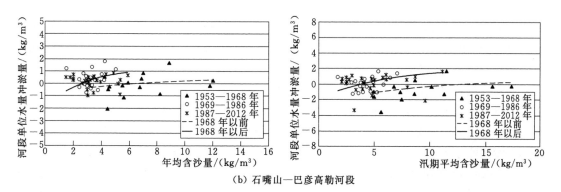

（b）石嘴山—巴彦高勒河段

图 4-6（一）　各河段单位水量冲淤量与相应河段进口站含沙量的响应关系

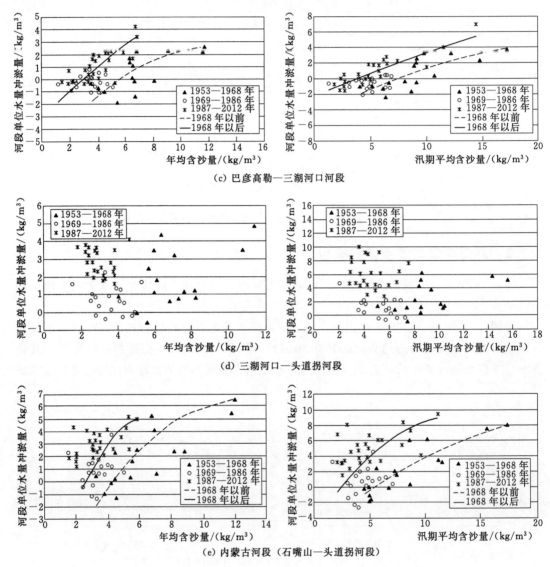

(c) 巴彦高勒—三湖河口河段

(d) 三湖河口—头道拐河段

(e) 内蒙古河段（石嘴山—头道拐河段）

图 4-6 (二)　各河段单位水量冲淤量与相应河段进口站含沙量的响应关系

是因为 1968 年以后，尤其是 1986 年龙刘两库联合运用以来，由于十大孔兑的来沙较 1968 年以前增加较多，致使其经常淤堵黄河干流，使得三湖河口—头道拐河段淤积严重，致使该河段的单位水量冲淤量与三湖河口站含沙量的关系较为散乱；③对于同一河段而言，当河段进口水文站含沙量相同时，1968 年以后的单位水量冲淤量均明显大于 1968 年以前的单位水量冲淤量，由此表明，1968 年以后宁蒙河段河道输沙能力较 1968 年以前明显减弱；④从各河段来看，1968 年以前，当下河沿站年均含沙量小于 5.96kg/m³ 或汛期平均含沙量小于 8.29kg/m³ 时，宁夏河段基本达到不淤积状态，当石嘴山站年均含沙量小于 4.33kg/m³ 或汛期平均含沙量小于 5.29kg/m³ 时，内蒙古河段基本可以达到不淤积状态；1968 年以后，下河沿站年均含沙量小于 2.36kg/m³ 或汛期平均含沙量小于 3.36kg/m³ 时，宁夏河段基本可以达到不淤积状态，石嘴山站年均含沙量小于 2.55kg/m³

或汛期平均含沙量小于 3.85kg/m³ 时，内蒙古河段基本可以达到不淤积状态。同时，由此进一步表明，1968 年以后宁蒙河段河道输沙能力较 1968 年以前明显减弱，致使淤积加剧。

4.2.3 河道冲淤与来沙系数的响应

图 4-7 所示为宁蒙河段沿程各河段汛期单位水量冲淤量与相应河段进口水文站汛期平均来沙系数的响应关系。

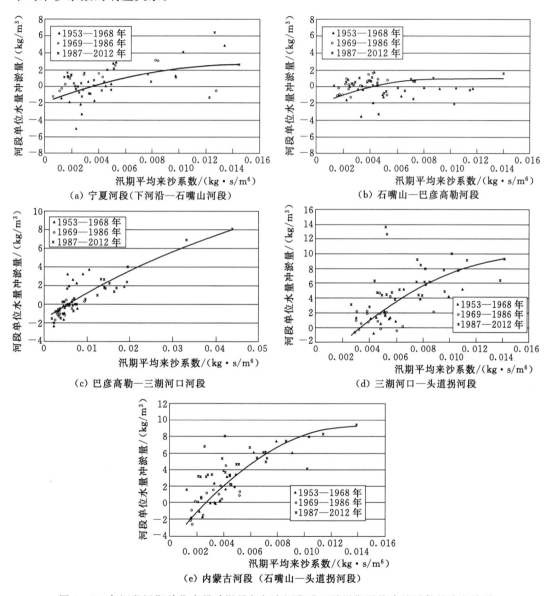

图 4-7 各河段汛期单位水量冲淤量与相应河段进口站汛期平均来沙系数的响应关系

由图 4-7 可见：①总的来看，各河段汛期单位水量冲淤量均随着相应河段进口水文站汛期平均来沙系数的增大而增大；②从各河段来看，汛期平均来沙系数越小，相应的汛期单位水量冲淤量就越小，当汛期平均来沙系数减小到一定程度，单位水量冲淤量就会表现为冲刷状态。经进一步分析得出，当下河沿站汛期平均来沙系数约为 0.0037kg·s/m⁶ 时，宁夏河段基本达到冲淤平衡状态；当石嘴山站汛期平均来沙系数约为 0.0028kg·s/m⁶ 时，内蒙古河段基本可以达到汛期冲淤平衡状态。

4.2.4　河道排沙比与汛期来水来沙的响应

河道排沙比是表征河道输沙功能的主要指标之一，可直接反映河道输沙能力的大小和冲淤变化情况，进而决定河道断面形态的发展方向。本项研究以河道排沙比为主要参数进一步研究宁蒙河段河道冲淤情况与水沙条件的响应关系。由前述分析可知，汛期是宁蒙河段的主要输水输沙时期。因此，在这里主要分析宁蒙河段汛期排沙比与汛期来水来沙的响应关系。

在本书中河段排沙比的计算表达式为

河段排沙比＝（河段出口站汛期排沙量＋区间引水渠汛期引沙量）/（该河段汛期总来沙量－区间水库汛期拦沙量）

图 4-8 所示为宁蒙河段各河段汛期排沙比与相应河段进口站汛期来沙系数 S/Q 的响应关系。由图 4-8 可见：①黄河宁蒙河段各河段的排沙比均随着各河段进口站汛期来沙系数的增大呈现减小的趋势。由于下河沿—石嘴山河段和石嘴山—巴彦高勒河段受境内水库运用和引水渠的影响，致使其在汛期来沙系数较大时，图中点群较为散乱，排沙比随汛

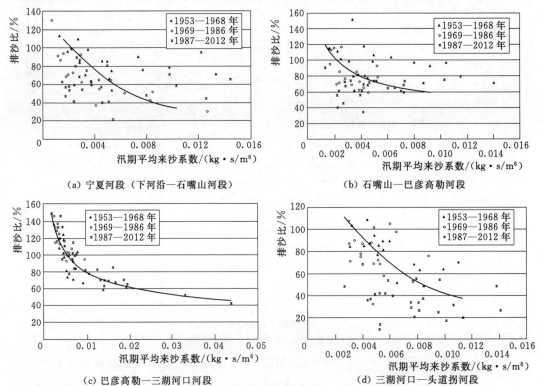

图 4-8(一)　各河段汛期排沙比与相应河段进口站汛期平均来沙系数的响应关系

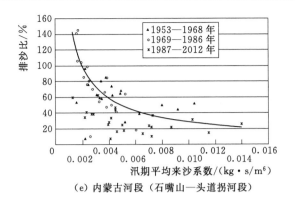

（e）内蒙古河段（石嘴山—头道拐河段）

图4-8（二）　各河段汛期排沙比与相应河段进口站汛期平均来沙系数的响应关系

期来沙系数减小趋势不明显。②从各河段来看，下河沿—石嘴山河段不冲不淤（排沙比为100％，下同）时，下河沿站相应的汛期来沙系数约为0.0024kg·s/m⁶；石嘴山—巴彦高勒河段不冲不淤时，石嘴山站相应的汛期来沙系数约为0.0023kg·s/m⁶；巴彦高勒—三湖河口河段不冲不淤时，巴彦高勒站相应的汛期来沙系数约为0.0054kg·s/m⁶；三湖河口—头道拐河段不冲不淤时，三湖河口站相应的来沙系数约为0.0035kg·s/m⁶；石嘴山—头道拐河段不冲不淤时，石嘴山站相应的汛期来沙系数约为0.0023kg·s/m⁶。

　　图4-9为宁蒙河段不同河段汛期排沙比与相应河段进口站汛期平均流量的响应关系。

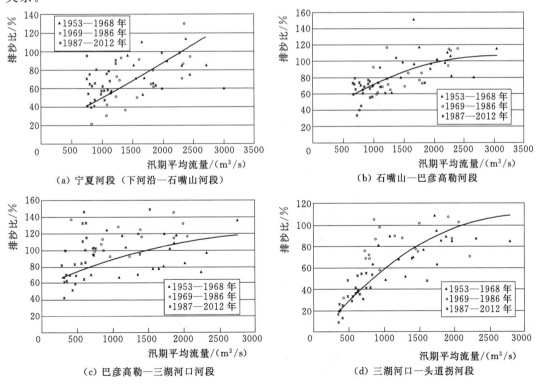

（a）宁夏河段（下河沿—石嘴山河段）　　　　（b）石嘴山—巴彦高勒河段

（c）巴彦高勒—三湖河口河段　　　　　　　（d）三湖河口—头道拐河段

图4-9（一）　各河段汛期排沙比与相应河段进口站汛期平均流量的响应关系

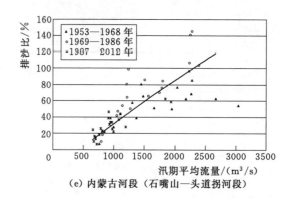

（e）内蒙古河段（石嘴山—头道拐河段）

图 4 - 9（二）　各河段汛期排沙比与相应河段进口站汛期平均流量的响应关系

由图 4 - 9 可见：①黄河宁蒙河段各河段的汛期排沙比均随各河段进口站汛期平均流量的增加而呈现增大的趋势。②从各河段来看，下河沿—石嘴山河段不冲不淤时，下河沿站相应的汛期平均流量为 2300m³/s 左右；石嘴山—巴彦高勒河段不冲不淤时，石嘴山站相应的汛期平均流量为 2100m³/s 左右；巴彦高勒—三湖河口河段不冲不淤时，巴彦高勒站相应的汛期平均流量约为 1500m³/s；三湖河口—头道拐河段不冲不淤时，三湖河口站相应的汛期平均流量约为 2100m³/s；石嘴山—头道拐河段不冲不淤时，石嘴山站相应的汛期平均流量约为 2300m³/s。因此，若使宁夏河段不发生淤积，河段进口站下河沿站的汛期平均流量应大于 2300m³/s；若使内蒙古河段不发生淤积，河段进口站石嘴山站的汛期平均流量应大于 2300m³/s。

综合上述分析，当下河沿站汛期平均流量和平均来沙系数分别为 2300m³/s 和 0.0037kg·s/m⁶ 时，宁夏河段基本可以达到冲淤平衡；当石嘴山站汛期平均流量和平均来沙系数分别为 2300m³/s 和 0.0027kg·s/m⁶ 时，内蒙古河段基本可以达到冲淤平衡。

4.2.5　水沙变化对河道冲淤影响的综合分析

由前述分析可知，宁夏河段冲淤基本达到平衡状态，宁蒙河段的淤积主要集中在内蒙古河段，在此对内蒙古河段的泥沙淤积与其影响因素的响应关系进一步深入分析。

影响内蒙古河段河道冲淤的因素是多方面的，其单一因素还不足以说明内蒙古河段河道冲淤演变的过程，经分析可知，其最主要的影响因素有两个：①内蒙古河段的区间来沙量（$\Delta W_{s来}$，考虑支流和十大孔兑及风积沙进入河段的沙量，并扣除其区间库区淤积沙量和引水渠引沙量，下同）；②上游来水来沙条件的变异，主要包括来水量的变异、来水过程的变异以及水沙搭配的变异。为了说明其与内蒙古河段河道冲淤量的响应关系，用 $\dfrac{W}{W_{多年}}$ 即当年的来水量与多年平均来水量的比值作为来水量的变异参数；用 $\dfrac{Q_m}{Q_{m多年}}$ 即当年的最大日均流量与多年平均的最大日均流量的比值作为来水过程的变异参数；用 $\dfrac{S/Q}{S/Q_{多年}}$ 即当年平均来沙系数与多年平均来沙系数的比值作为水沙搭配的变异参数。

在此基础上，通过综合分析，对内蒙古河段 1953—2012 年河道逐年冲淤量和汛期冲淤量与该河段相应的区间来沙量及进口站石嘴山站来水来沙的变异参数分别建立函数关系，如式（4-3）和式（4-4）所示：

全年：
$$\Delta W_{s年} = 0.992\Delta W_{s年来} - 0.622\left(\frac{W}{W_{多年}}\right)^{0.701}\left(\frac{Q}{Q_{多年}}\right)^{0.163}\left(\frac{S/Q}{S/Q_{多年}}\right)^{-0.389}\Delta W_{s年来}$$
$$+0.010 \qquad (4-3)$$

汛期：
$$\Delta W_{s汛} = 1.218W_{s汛来} - 0.744\left(\frac{W}{W_{多年汛}}\right)^{0.396}\left(\frac{Q}{Q_{多年}}\right)^{0.214}\left(\frac{S/Q}{S/Q_{多年汛}}\right)^{-0.312}\Delta W_{s汛来}$$
$$-0.091 \qquad (4-4)$$

式中：$\Delta W_{s年}$ 和 $\Delta W_{s汛}$ 分别为内蒙古河段当年年冲淤量和汛期冲淤量，亿 t；$\Delta W_{s年来}$ 和 $\Delta W_{s汛来}$ 分别为内蒙古河段当年的区间来沙量和当年汛期的区间来沙量，亿 t；$\left(\frac{W}{W_{多年}}\right)$ 和 $\left(\frac{W}{W_{多年汛}}\right)$ 分别为石嘴山站当年年水量与多年平均年水量的比值和石嘴山站当年汛期水量与多年平均汛期水量的比值；$\left(\frac{Q}{Q_{多年}}\right)$ 为石嘴山站当年最大日均流量与多年平均最大日均流量的比值；$\left(\frac{S/Q}{S/Q_{多年}}\right)$ 和 $\left(\frac{S/Q}{S/Q_{多年汛}}\right)$ 分别为石嘴山站当年平均来沙系数与多年平均来沙系数的比值和石嘴山站当年汛期平均来沙系数与多年汛期平均来沙系数的比值。

从式（4-3）和式（4-4）的结构形式上来看，符合泥沙运动的基本规律，即当来水量越大、最大日均流量越大、来沙系数越小，就更易于泥沙的输移；当来水量越小、最大日均流量越小、来沙系数越大，就更趋于泥沙的落淤。

采用式（4-3）和式（4-4）对内蒙古河段逐年冲淤量和汛期冲淤量分别进行计算，并将其计算值分别与采用输沙率法计算的内蒙古河段冲淤量的结果进行比较，如图 4-10 和图 4-11 所示。

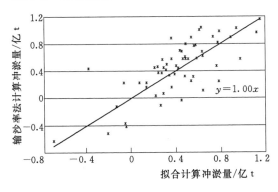

图 4-10　内蒙古河段输沙率法计算逐年
冲淤量与综合参数法计算结果比较

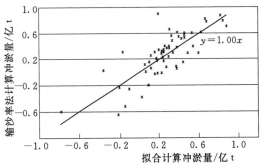

图 4-11　内蒙古河段输沙率法计算逐年汛期
冲淤量与综合参数法计算结果比较

由图 4-10 和图 4-11 可见，采用式（4-3）和式（4-4）对内蒙古河段冲淤量的进行计算的结果与输沙率法计算冲淤量的结果基本一致，故采用式（4-3）和式（4-4）对内蒙古河段逐年冲淤量和汛期冲淤量进行估算是可行的，其计算结果也是可靠的。

4.3　断面形态与水沙变化的响应

4.3.1　平滩面积与来水量的响应

点绘宁蒙河段分时段各水文站断面平滩水位下的断面面积与年来水量的关系，如图 4-12 所示。

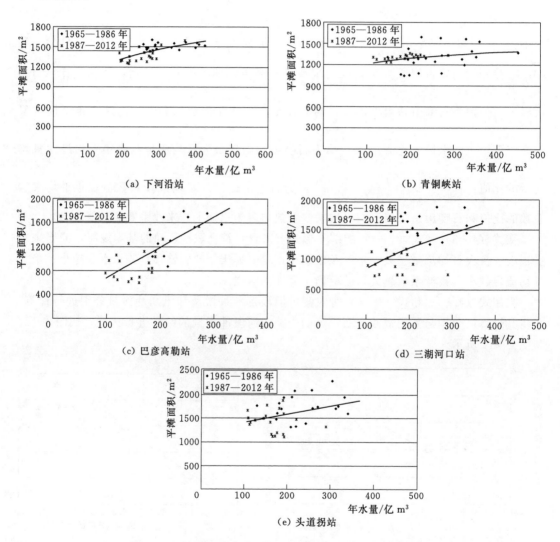

图 4-12　宁蒙河段各典型断面平滩面积与年来水量的关系

由图 4-12 可见，各典型断面平滩水位下的过流面积均随年水量增加呈增加趋势，但其各自增加的程度不同。从各河段来看，宁夏河段各典型断面的平滩面积随流量增加而增加的幅度相对较小，而内蒙古河段各典型断面的平滩面积随流量增加而增加的幅度较大，尤以巴彦高勒站和三湖河口站断面变化幅度最大，如年水量由 200 亿 m³ 增加到 300 亿 m³

时，宁夏河段各典型断面平滩面积增加了 $48\sim139\mathrm{m}^2$，内蒙古河段各典型断面平滩面积增加了 $171\sim509\mathrm{m}^2$。由此说明宁夏河道冲淤变化较小，内蒙古河道冲淤变化较大，这一结果与宁蒙河段河道冲淤演变的实际情况是一致的。

4.3.2　宽深比与来沙系数的响应

宁蒙河段分时段各水文站断面平滩水位下的宽深比 $\sqrt{B}/H$ 与汛期来沙系数 S/Q 的关系，如图 4-13 所示。

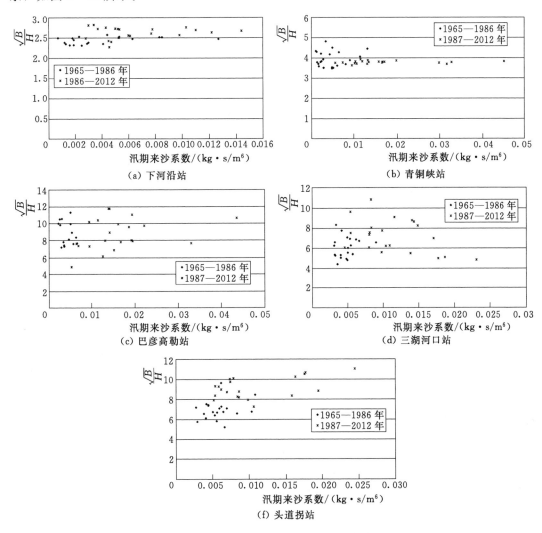

图 4-13　宁蒙河段各典型断面宽深比 $\sqrt{B}/H$ 与汛期来沙系数 S/Q 的关系

由图 4-13 可见，宁蒙河段各水文站断面宽深比 $\sqrt{B}/H$ 值及其变化幅度沿程均呈逐渐增加的趋势。从各时段来看，1965—1986 年期间，宽深比 $\sqrt{B}/H$ 值和变化幅度分别为：下河沿站为 2.3~2.6 和 1.1，青铜峡站为 3.4~4.9 和 1.4，石嘴山站为 3.9~4.7 和 1.2，巴彦高勒站为 7.1~11.3 和 1.6，三湖河口站为 4.4~8.4 和 1.9，头道拐站为 5.1~9.6

和 1.9；1987—2004 年期间，宽深比 $\sqrt{B}/H$ 值和变化幅度分别为：下河沿站为 2.4～2.9 和 1.3，青铜峡站为 3.7～4.0 和 1.1，石嘴山站为 5.1～6.5 和 1.3，巴彦高勒站为 6.8～11.8 和 1.7，三湖河口站为 5.6～10.9 和 1.9，头道拐站为 7.2～11.0 和 1.4。上述结果表明：①黄河上游宁夏河段断面相对窄深、且变化较小；黄河上游内蒙古河段断面相对宽浅、且变化相对较大，这与黄河上游宁蒙河段断面下游比上游宽浅的实际情况是一致的；②与 1987 年以前相比，龙刘两库联合调度以后，黄河上游宁蒙河段断面有向宽浅发展的趋势。

4.4 平滩流量与来水来沙的响应

4.4.1 平滩流量的计算方法

平滩流量是指某一断面的水位与该断面滩唇相平时该断面所通过的流量，它是河道主河槽过流能力的重要标志。在本次研究中所述平滩流量的具体计算方法有以下几个步骤：①点绘宁蒙河段各典型断面逐年的断面图；②根据逐年典型断面的断面图确定相应年份的汛后滩唇高程；③根据各典型断面的逐日水文资料建立相应年份的水位—流量关系（如当年没有资料或高水位部分，参照相邻年份的关系进行外延）；④利用步骤③中建立的水位—流量关系，查找步骤②中确定的汛后滩唇高程所对应的流量值，即为本次研究中所确定的平滩流量。

由于黄河上游宁蒙河段受大型水利工程、引水渠、支流、排水沟以及十大孔兑等的影响，使得该河段的来水来沙不确定因素较多，致使其水位—流量关系有时不易准确确定；还有，宁蒙河段沿程各河段的河型不尽相同，部分河道宽浅、水流散乱，断面不稳定，致使相应的滩唇高程不易准确确定。因此，黄河宁蒙河段平滩流量的确定有一定的困难和不确定性。在本次研究中所给出的宁蒙河段沿程各水文站的平滩流量，既不能代表黄河上游宁蒙河段的最大平滩流量，也不能代表黄河上游宁蒙河段的最小平滩流量，只是用它来反映黄河上游宁蒙河段平滩流量的平均情况。

4.4.2 平滩流量的历年变化过程

图 4-14 所示为根据 1965—2012 年黄河上游宁蒙河段实测资料确定的沿程各水文站历年汛后的平滩流量变化过程。由图 4-14 可见，黄河上游宁蒙河段各水文站平滩流量的变化趋势是基本相同的，总体上呈逐渐减小的趋势，由 20 世纪 60 年代中期的 3600～5800m^3/s 减小到目前的 1300～4000m^3/s。

从各时段来看，1968 年刘家峡水库投入运用，由于水库蓄水调节，使得进入宁蒙河段的年均水量明显减少，挟沙能力降低，平滩流量有所减小，1980 年以后，由于黄河上游连续几年出现了较为有利的水沙条件，使得宁蒙河段平滩流量又有所恢复。因此，1965—1986 年黄河宁蒙河段沿程各水文站的平滩流量均呈现出先减后增的趋势；1986 年以来，由于龙羊峡水库的蓄水调节以及气候条件和人为因素的影响，进入宁蒙河段的水量持续偏少，特别是水库对汛期洪峰流量的削减，排洪输沙能力降低，河槽淤积萎缩，致使

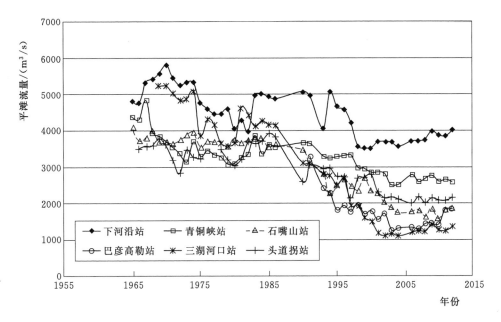

图 4-14 黄河上游宁蒙河段各水文站平滩流量变化过程

1987—2012 年黄河宁蒙河段各水文站平滩流量呈现快速减小的趋势。①1965—1968 年，黄河上游来水偏丰，该时期下河沿站和石嘴山站年均径流量分别为 417 亿 m^3 和 397 亿 m^3，宁夏河段各水文站和内蒙古河段各水文站平滩流量分别在 4000～5000m^3/s 和 3600～5200m^3/s 之间；②1969—1980 年，黄河上游来水量较前期偏少，该时期下河沿站和石嘴山站年均水量分别为 297 亿 m^3 和 275 亿 m^3，宁夏河段各水文站和内蒙古河段各水文站平滩流量分别减小到 3000～4000m^3/s 和 2400～3600m^3/s 之间；③1981—1986 年，由于连续几个丰水年，下河沿站和石嘴山站年均水量分别为 362 亿 m^3 和 338 亿 m^3，宁夏河段各水文站和内蒙古河段各水文站平滩流量分别恢复到 3600～4900m^3/s 和 3200～4100m^3/s 之间；④1986 年以后，黄河上游来水量大幅减少，且持续时间较长，下河沿站和石嘴山站 1987—2012 年年均水量分别为 253 亿 m^3 和 227 亿 m^3，致使宁蒙河段平滩流量持续减小，到 2012 年为止，宁夏河段各水文站和内蒙古河段各水文站平滩流量分别减小到 1800～4000m^3/s 和 1300～2100m^3/s 之间，尤其是内蒙古河段三湖河口站平滩流量减小的最为明显，从 1986 年的 4100m^3/s 左右减小到 2012 年的 1300m^3/s 左右。这一结果与前述的 1986 年以来三湖河口站附近淤积最为严重相吻合。

4.4.3 平滩流量与来水量的响应

黄河上游宁夏河段和内蒙古河段沿程各水文站历年汛后平滩流量与年水量、汛期水量的关系如图 4-15～图 4-18 所示。由图可见，黄河宁蒙河段平滩流量与年水量、汛期水量均具有一定的相关关系，年水量越大，造床能力就越强，平滩流量也相应地越大；同样，汛期水量越大，平滩流量也相应地越大。黄河上游宁夏河段和内蒙古河段各水文站平均平滩流量与年水量、汛期水量分别有如下关系式：

宁夏河段： $$Q_平 = -0.008W_年^2 + 10.355W_年 + 1476.98 \qquad (4-5)$$

$$Q_{\text{平}} = -0.023W_{\text{汛}}^2 + 13.978W_{\text{汛}} + 2243.55 \tag{4-6}$$

内蒙古河段：
$$Q_{\text{平}} = -0.017W_{\text{年}}^2 + 15.757W_{\text{年}} + 371.54 \tag{4-7}$$

$$Q_{\text{平}} = -0.041W_{\text{汛}}^2 + 20.088W_{\text{汛}} + 1356.34 \tag{4-8}$$

式中：$Q_{\text{平}}$ 为相应河段平均的平滩流量，m^3/s；$W_{\text{年}}$ 为相应河段各水文站年水量，亿 m^3；$W_{\text{汛}}$ 为相应河段各水文站汛期水量，亿 m^3。

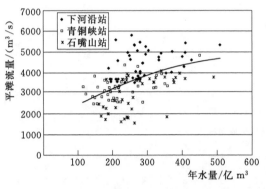

图 4-15　黄河上游宁夏河段各水文站
平滩流量与年水量的响应关系

图 4-16　黄河上游宁夏河段各水文站
平滩流量与汛期水量的响应关系

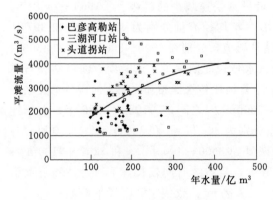
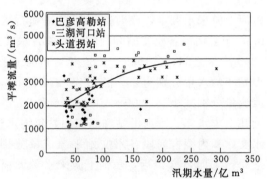

图 4-17　黄河上游内蒙古河段各水文站
平滩流量与年水量的响应关系

图 4-18　黄河上游内蒙古河段各水文站
平滩流量与汛期水量的响应关系

利用式（4-5）和式（4-7）可以分别计算得到，当年水量为 200 亿 m^3 时，黄河上游宁夏河段的平均平滩流量约为 $3227\text{m}^3/\text{s}$，黄河上游内蒙古河段的平均平滩流量约为 $2841\text{m}^3/\text{s}$；当年水量为 300 亿 m^3 时，黄河上游宁夏河段的平均平滩流量约为 $3862\text{m}^3/\text{s}$，黄河上游内蒙古河段的平均平滩流量约为 $3566\text{m}^3/\text{s}$；利用式（4-6）和式（4-8）同样可以计算得到，当汛期水量为 80 亿 m^3 时，黄河上游宁夏河段的平均平滩流量约为 $3213\text{m}^3/\text{s}$，黄河上游内蒙古河段的平均平滩流量约为 $2704\text{m}^3/\text{s}$；汛期水量为 170 亿 m^3 时，黄河上游宁夏河段的平均平滩流量约为 $3953\text{m}^3/\text{s}$，黄河上游内蒙古河段的平均平滩流量约为 $3599\text{m}^3/\text{s}$。

另外，从图 4-15～图 4-18 还可以看出，黄河上游宁夏河段和内蒙古河段平滩流量与相应水文站年水量和汛期水量的关系均是一条关系带，表明其平滩流量除了与当年的年水量和汛期水量有关外，还与流量过程等因素相关。为了研究流量过程对主河槽过流能力的影响，进一步分析了宁夏河段和内蒙古河段各水文站当年的最大日均流量与相应的平滩流量的响应关系，如图4-19和图4-20所示。由图可见，黄河宁蒙河段平滩流量与相应年份的最大日均流量均具有较好的相关关系，在年（汛期）来水量一定时，最大日均流量越大，造床能力就越强，平滩流量也相应地越大；相反，最大日均流量越小，其造床能力就会越弱，平滩流量也相应地越小。黄河上游宁夏河段和内蒙古河段各水文站平均平滩流量与相应的最大日均流量分别有如下关系式：

宁夏河段：　　　　$Q_{平} = -0.00013Q_m^2 + 1.335Q_m + 1458.26$　　　　（4-9）

内蒙古河段：　　　$Q_{平} = -0.00016Q_m^2 + 1.874Q_m - 316.74$　　　（4-10）

式中：$Q_{平}$为相应河段平均的平滩流量，m^3/s；Q_m为相应河段各水文站当年最大日均流量，m^3/s。

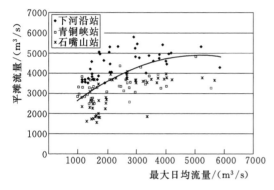

图4-19　黄河上游宁夏河段平滩流量与
当年最大日均流量的响应关系

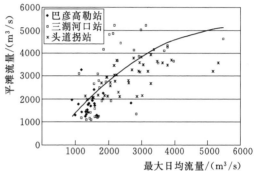

图4-20　黄河上游内蒙古河段平滩流量与
当年最大日均流量的响应关系

　　利用式（4-9）和式（4-10）计算可以得到，当最大日均流量为1000m^3/s时，黄河上游宁夏河段的平均平滩流量约为2663m^3/s，黄河上游内蒙古河段的平均平滩流量约为1397m^3/s；当最大日均流量为2500m^3/s时，黄河上游宁夏河段的平均平滩流量约为3983m^3/s，黄河上游内蒙古河段的平均平滩流量约为3368m^3/s。

　　由上述分析可知，黄河上游年（汛期）来水量是影响黄河宁蒙河段平滩流量的主要因素，同时其流量过程也在一定程度上决定着宁蒙河段平滩流量的大小。因此，在采用式（4-5）～式（4-8）对宁蒙河段近年来的平均平滩流量进行估算时，会发现其计算值要大于实际值，这主要就是因为1986年龙羊峡、刘家峡两库联合调度后，汛期削峰蓄水，凡流量超过1000m^3/s的洪水都受到不同程度的削减，出库洪水流量很少超过2000m^3/s，导致500～1000m^3/s的水流出现天数相对大幅增加，全年流量过程趋于均匀，而大流量水流作用相对衰减，平枯水作用相对增强，进而促使主槽淤积增多，平滩流量减小。同样，由于流量的减小，利用式（4-9）和式（4-10）也可以得到平滩流量减小的结论。譬如，内蒙古河段三湖河口站，根据实测资料该站2004年来水量为121亿 m^3，利用式（4-7）计算可得三湖河口站平滩流量为2028m^3/s，而当年最大日均流量为992m^3/s，利用式（4-10)计算可得，其平滩流量为1385m^3/s，前者较后者偏大31.7%，而后者较前者更接近实际情况。

因此，在前述中，当年水量为 200 亿 m^3 和汛期水量为 80 亿 m^3 时，只有当年最大日均流量分别达到 $1550m^3/s$ 和 $2050m^3/s$ 时，宁夏河段和内蒙古河段的平均平滩流量才能分别达到 $3200m^3/s$ 和 $2850m^3/s$ 左右；当年水量为 300 亿 m^3 和汛期水量为 170 亿 m^3 时，只有当年最大日均流量分别达到 $2400m^3/s$ 和 $3050m^3/s$ 时，宁夏河段和内蒙古河段的平均平滩流量才能分别达到 $3900m^3/s$ 和 $3600m^3/s$ 左右。

4.4.4　平滩流量与来水来沙响应的综合分析

在此，需要说明的是上节所述的平滩流量是指各河段平均的平滩流量，而非最大平滩流量，亦不是最小平滩流量；又通过宁蒙河段沿程各水位站断面分析可知，宁夏河段各典型断面相对窄深，多年来变化幅度不大，趋于稳定，内蒙古河段河道变化较大，尤以巴彦高勒站和三湖河口站断面附近变幅最大，而从头道拐站断面来看，头道拐站附近河段断面相对稳定，由此表明，巴彦高勒站和三湖河口站断面具有承上启下的作用，其断面平滩流量的大小也制约着内蒙古河段乃至整个宁蒙河段的中水河槽规模的塑造和维持（需要说明的是，本次研究仅考虑宁蒙河段沿程各水文站断面的平滩流量，未考虑水文站断面之间测量大断面的平滩流量，下同）。同时从前述分析可知，断面平滩流量主要受汛期来水来沙影响较大，尤以 1986 年龙羊峡、刘家峡水库联合调度以后更加明显。因此，本节主要分析 1986 年以后巴彦高勒站和三湖河口站的平滩流量与汛期来水来沙的响应关系。

图 4-21 所示为巴彦高勒站和三湖河口站平滩流量与相应汛期来水来沙的关系图。由

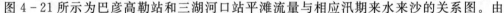

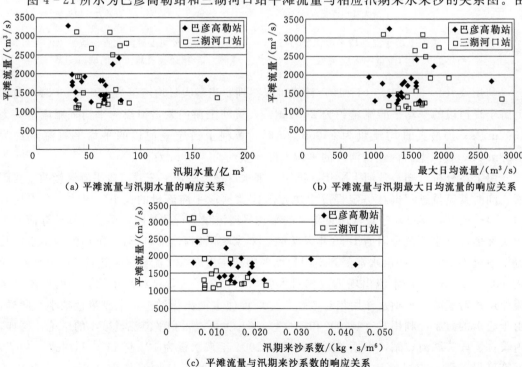

图 4-21　巴彦高勒站和三湖河口站断面平滩流量与相应的来水来沙的响应

图4-21可见,巴彦高勒站和三湖河口站断面平滩流量与相应水文站的来水来沙数据点略显散乱,但从总体上来看,其平滩流量与汛期的水量和最大日均流量略呈增加趋势,而与汛期的来沙系数略呈减小趋势。由此也表明,巴彦高勒站和三湖河口站断面平滩流量的影响因素并不是单一的,而是由多重因素共同作用的结果。

由图4-21中的数据点分布,采用数理统计理论可建立平滩流量与相应水文站的来水来沙的综合响应关系,如式(4-11)所示:

$$Q_p = 5.098\left(\frac{S}{Q}\right)^{-0.380} Q_m^{0.486} W_汛^{0.205} - 444.698 \tag{4-11}$$

式中:Q_p 为典型水文站断面的平滩流量;$\left(\frac{S}{Q}\right)$、Q_m、$W_汛$ 分别为相应水文站的汛期来沙系数、最大日均流量、汛期水量。

由式(4-11)也可以看出,各典型水文站断面的平滩流量与汛期来沙系数成反比关系,与最大日均流量和汛期水量成正比关系,与前述分析一致。

利用式(4-11)计算巴彦高勒站和三湖河口站断面平滩流量与前述统计分析的平滩流量进行对比,如图4-22所示,由图可以看出,利用式(4-11)计算得到的典型断面的平滩流量与前述资料分析的结果基本均匀分布在直线 $y=x$ 的两侧,

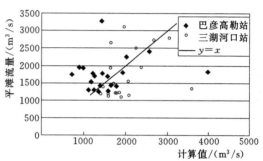

图4-22 内蒙古典型断面平滩流量统计
分析值与计算值比较

故采用式(4-11)对巴彦高勒站和三湖河口站断面的平滩流量进行是可行的。

4.5 造床流量与来水来沙的响应

4.5.1 造床流量的计算方法

造床流量 $Q_造$ 是指其造床作用与多年流量过程的综合造床作用相当的一种流量。这种流量对塑造河床形态所起的作用最大,但它不等于最大洪峰流量,也不等于枯水流量,是一个较大但又并非最大的洪水流量。

确定造床流量的方法,目前理论上还没有一个成熟的计算方法,大多采用经验公式来确定。有关造床流量的经验公式很多,不同的经验公式其结果也不尽相同,本章中是采用马卡维也夫经验公式来计算宁蒙河段沿程各水文站的造床流量。马卡维也夫认为影响造床流量的因素主要包括造床历时和造床强度两个方面。因此,在计算造床流量时,引入某一流量出现的频率 P 表示造床历时,采用 Q^2J(Q 为流量,J 为比降)来反映输沙能力(造床强度),认为当 Q^2JP 最大时所对应的流量即为造床流量。其具体的计算方法为:①将计算时段内的流量按一定流量值进行分级;②计算各级流量在计算时段内出现的频率 P 和该级流量对应的水面比降 J;③计算各级流量的 Q^2JP 值;④点绘 $Q\sim$

Q^2JP 关系图，Q^2JP 最大值所对应的流量，即为第一造床流量，也就是本章中所要确定的造床流量。

4.5.2　造床流量的历年变化过程

利用 1951—2004 年黄河上游宁蒙河段实测的水文资料，采用马卡维也夫经验公式法确定的沿程各水文站历年的造床流量变化过程，如图 4-23 所示。

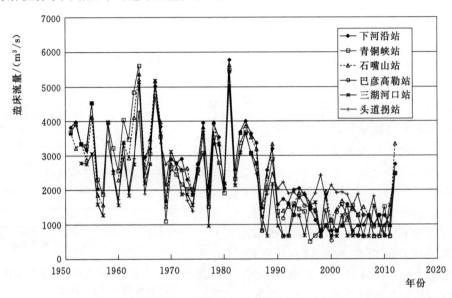

图 4-23　黄河宁蒙河段沿程各水文站历年的造床流量变化过程

由图 4-23 可见，黄河上游宁蒙河段各水文站造床流量年际间的变化幅度较大，但其趋势是基本相同的，总体上呈逐渐减小的趋势，由 20 世纪 50 年代初的 2800～4500m³/s 左右减小到 2011 年的 650～1600m³/s 左右，由于 2012 年来水量较丰、洪峰流量较大，致使计算得出的造床流量在 2400～3300m³/s 左右。

从各时段来看，1961 年以前，宁蒙河段淤积严重，致使其造床流量呈现减小的趋势，从 20 世纪 50 年代初的 2800～4500m³/s 减小到 1960 年的 1500～2600m³/s；1961—1967 年盐锅峡和三盛公枢纽投入运用，减少了进入下游河道的沙量，而且该时段的来水量偏丰，使得宁蒙河段发生较大冲刷，其河道沿程造床流量也相应地增大到 4700～5200m³/s；1968—1986 年，由于刘家峡水库的投入运用，使得进入宁蒙河段的年均水量明显减少，而 1980 年以后，黄河上游又连续几年出现了较为有利的水沙条件。因此，使得该时段黄河宁蒙河段沿程各水文站的造床流量呈现出先减后增的趋势，先减小到 1100～2700m³/s，随后又增加到 3600～4000m³/s；1986 年以后，由于龙羊峡水库的蓄水调节以及气候条件和人为因素的影响，进入宁蒙河段的水量持续偏少，排洪输沙能力降低，河槽淤积萎缩，致使 1987—2011 年黄河宁蒙河段各水文站造床流量呈现显著的减小的趋势，减小到 2011 年的 650～1600m³/s 左右。2012 年受上游来水量较丰、洪峰流量较大的影响，宁蒙河段的造床流量均明显增加，增加到 2400～3300m³/s 左右。

4.5.3 造床流量与来水量的响应

通过对黄河宁蒙河段沿程各水文站逐年造床流量与相应水文站年水量关系的分析，发现宁夏河段沿程各水文站逐年造床流量与相应水文站来水量的响应关系基本一致，如图 4-24 所示，内蒙古河段各水文站造床流量与相应的水文站来水量的关系也基本一致，如图 4-25 所示。其具体的相关关系式如下：

宁夏河段： $\qquad Q_{造} = 0.0027 W_{年}^2 + 11.67 W_{年} - 955.76 \qquad$ (4-12)

$$Q_{造} = -0.020 W_{汛}^2 + 23.92 W_{汛} - 490.05 \qquad (4-13)$$

内蒙古河段： $\qquad Q_{造} = 0.027 W_{年}^2 - 2.15 W_{年} + 1168.76 \qquad$ (4-14)

$$Q_{造} = 0.027 W_{汛}^2 + 6.85 W_{汛} + 905.02 \qquad (4-15)$$

式中：$Q_{造}$ 为相应河段各水文站平均的造床流量，$\mathrm{m^3/s}$；$W_{年}$ 和 $W_{汛}$ 分别为相应河段各水文站年水量和汛期水量，亿 $\mathrm{m^3}$。

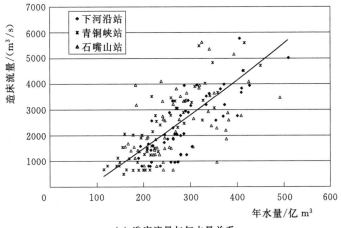

（a）造床流量与年水量关系

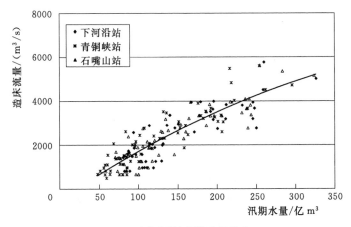

（b）造床流量与汛期水量关系

图 4-24　宁夏河段沿程各水文站逐年造床流量与
相应水文站来水量的响应关系

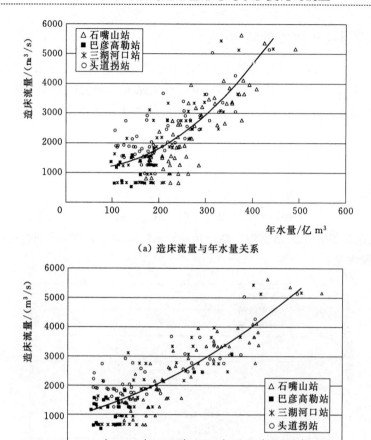

（a）造床流量与年水量关系

（b）造床流量与汛期水量关系

图 4-25　内蒙古河段沿程各水文站逐年造床流量与
相应水文站来水量的响应关系

由图 4-24～图 4-25 可见：①宁蒙河段沿程各水文站造床流量与相应水文站的年水量和汛期水量均存在较好的相关关系；②宁蒙河段各水文站年水量越大、汛期水量越大，则相应的造床能力就越强，其造床流量也就越大；这与平滩流量的变化规律类似，即宁蒙河段沿程各水文站年平均造床能力与相应水文站的水量密切相关，水量越大，造床流量就越大，其塑造河道的能力也越强。

采用式（4-12）～式（4-15）计算可以得到，当黄河上游河段年来水量为 200 亿 m^3 或汛期来水量为 90 亿 m^3 时，宁夏河段平均造床流量约为 1500m^3/s 左右，内蒙古河段平均造床流量约为 1800m^3/s 左右；当黄河上游河段年来水量为 300 亿 m^3 或汛期来水量为 160 亿 m^3 时，宁夏河段平均造床流量约为 2800m^3/s 左右，内蒙古河段平均造床流量约为 3000m^3/s 左右。

4.5.4　造床流量与来沙系数的响应

通过对黄河宁蒙河段沿程各水文站逐年造床流量与相应水文站汛期来沙系数关系的分

析，发现宁蒙河段沿程各水文站造床流量与相应水文站汛期来沙系数存在较好的相关关系，如图 4-26 和图 4-27 所示。其具体的相关关系式如下：

宁夏河段：
$$Q_{造} = 183.109 \left(\frac{S}{Q}\right)_{汛期}^{-0.442} \tag{4-16}$$

内蒙古河段：
$$Q_{造} = 106.563 \left(\frac{S}{Q}\right)_{汛期}^{-0.556} \tag{4-17}$$

式中：$Q_{造}$ 为相应河段各水文站平均的造床流量；$\left(\frac{S}{Q}\right)_{汛期}$ 为相应河段各水文站汛期来沙系数。

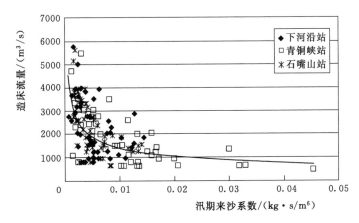

图 4-26 宁夏河段各水文站造床流量与相应水文站汛期来沙系数的响应关系

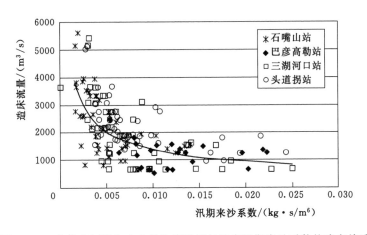

图 4-27 内蒙古河段各水文站造床流量与相应汛期来沙系数的响应关系

由图 4-26～图 4-27 可见：①宁蒙河段沿程各水文站造床流量与相应水文站的汛期来沙系数成反比关系，即来沙系数越大，其相应的造床能力就越弱，造床流量就越小。由式（4-16）～式（4-17）计算可以得到，当黄河上游河段汛期来沙系数为 0.0037 时，宁夏河段和内蒙古河段的平均造床流量分别为 2200m³/s 和 2400m³/s 左右；当黄河上游河段汛期来沙系数为 0.0024 时，宁夏河段和内蒙古河段的平均造床流量分别为 2600m³/s 和 3100m³/s 左右。

4.5.5　造床流量和平滩流量的对比分析

图 4-28 所示为黄河宁蒙河段沿程各水文站平滩流量与造床流量的关系。

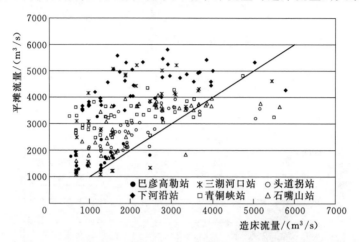

图 4-28　黄河宁蒙河段各水文站平滩流量与造床流量的关系

由图 4-28 可见，黄河宁蒙河段沿程各水文站的造床流量总体上小于河道当时的平滩流量，由此表明水流维持主河槽的能力小于主河槽当时的过流能力，这也就是黄河宁蒙河段处于淤积状态的原因，同时也说明黄河宁蒙河段主河槽近年来萎缩严重主要是河道演变和来水来沙响应的必然结果。

宁蒙河段分时段沿程各水文站平均平滩流量和平均造床流量的比较见表 4-1。

表 4-1　　宁蒙河段分时段沿程各水文站平均平滩流量和平均造床流量的比较

站名	平均平滩流量/(m³/s)		平均造床流量/(m³/s)		造床流量较平滩流量偏小/%	
	1965—1986 年	1987—2012 年	1965—1986 年	1987—2012 年	1965—1986 年	1987—2012 年
下河沿	4918	4033	3226	1495	34.4	62.9
青铜峡	3601	2939	2833	1180	21.3	59.8
石嘴山	3730	2225	3186	1532	14.6	31.1
巴彦高勒	—	1765	—	1230	—	30.3
三湖河口	4407	1776	2880	1063	34.7	40.1
头道拐	3464	2409	2859	1796	17.5	25.4

由表 4-1 可见，1965—1986 年，黄河上游宁夏河段各水文站平均造床流量为 2833～3226m³/s，较相应时段的平均平滩流量 3601～4918m³/s 偏小了 14.6%～34.4%，内蒙古河段各水文站平均造床流量为 2859～2880m³/s，较相应时段的平均平滩流量 3464～4407m³/s 偏小了 17.5%～34.7%；1987—2012 年，黄河上游宁夏河段各水文站平均造床流量为 1180～1532m³/s，较相应时段的平均平滩流量 2225～4033m³/s 偏小了 31.1%～62.9%，内蒙古河段各水文站平均造床流量为 1063～1796m³/s，较相应时段的平均平滩

流量 1765~2409m³/s 偏小了 25.4%~40.1%。由此表明，1986 年以前，各水文站平均造床流量与平均平滩流量相差相对较小，1986 年以后，各水文站平均造床流量与平均平滩流量相差较大，这主要是因为 1986 年以前年均来水量较 1986 年以后明显偏大所致。

第 5 章　宁蒙河段河道凌情特征及变化分析

凌汛是冰凌对水流产生阻力而引起的江河水位明显上涨的现象。产生凌汛的自然条件取决于河流所处的地理位置及河道形态。在高寒地区，河流从低纬度流向高纬度并且河道形态呈上宽下窄，河道弯曲回环的地方出现严重凌汛的机遇较多。这是因为河流封冻时下段早于上段，解冻时上段早于下段。而且冰盖厚度下厚上薄。当河道下段出现冰凌以后，阻拦了一部分上游来水，增加了河槽蓄水量，当融冰开河时，这部分槽蓄水急剧释放出来，出现凌峰向下传递，沿程冰水越聚越多，冰峰节节增大。当上游的冰水向下游传播时，遇上较窄河段或河道转弯的地方卡冰形成冰坝，使上游水位增高。凌汛严重与否，取决于河道冰凌对水位影响的程度，通常只有在河道中出现严重的冰或冰坝后，才会引起水位骤涨，造成严重的凌洪。凌汛的危害主要表现在以下几个方面：

（1）冰塞形成的洪水危害。通常发生在封冻期，且多发生在急坡变缓及水库的回水末端，持续时间较长，逐步抬高水位，对工程设施及人类有较大的危害。

（2）冰坝引起的洪水危害。通常发生在解冻期。常发生在流向由南向北的纬度差较大的河段，形成速度快，冰坝形成后，冰坝上游水位骤涨，堤防溃决，洪水泛滥成灾。

（3）冰压力引起的危害。冰压力是冰直接作用于建筑物上的力，包括由于流冰的冲击而产生的动压力，由于大面积冰层受风和水剪力的作用而传递到建筑物上的静压力及整个冰盖层膨胀产生的静压力。

黄河上游宁蒙河段地处黄河流域最北端，河流自低纬度流向高纬度地区，河道宽浅，主流摆动游荡，河道形态蜿蜒曲折，冬季上暖下凉，流凌封河期封河自下而上，河段下段封河后水流阻力加大，上段流凌易在封河处产生冰塞，壅水漫滩，严重时会造成堤防决口；翌年春季气温南高北低，开河自上而下，上游开河后下游仍处于封冻状态，上游大量冰水沿程汇集涌向下游，极易在弯曲、狭窄河段卡冰结坝，形成冰坝和冰塞，从而抬高水位，造成凌汛灾害。

本章针对宁蒙河段的凌情特征，以内蒙古河段（石嘴山—头道拐）为凌汛特征分析的主要河段，以石嘴山、巴彦高勒、三湖河口、头道拐等主要水文站1951—2012年期间的流量、水位等相关实测资料为研究的主要依据，从年最大槽蓄水增量、凌汛最高水位、凌峰流量及凌汛期流量、水位平均值等几个方面进行分析，并进一步研究得出其与宁蒙河段河槽规模的响应。

5.1　宁蒙河段凌情特征分析

5.1.1　槽蓄水增量变化特征

槽蓄水增量一般指凌汛期因冰盖的阻水作用而增蓄在河槽中的水量，也包括冰盖的融化水量、土壤中的冻结水量、融雪水量及开河期降水量转化的地表径流量等。槽蓄水增量的大小及沿程分布状况，对开河凌峰流量的形成与大小有直接关系，是开河期凌汛的动力条件，是导致凌汛灾害发生的关键因子之一。其与冰期河段上游来水过程大小、过程变化情况、冰期河段降温、降水情况以及河段冲淤变化等有密切关系。

槽蓄水增量可通过水量平衡法、断面法、流量差积法等方法计算。本书中采用的是水量平衡法计算所得，具体方法为：以河段首封日至全河段开通日为计算时段，以上断面逐日水量（错开传播时间）减去下断面相应逐日水量，将某一日的计算结果与其前期的逐日计算结果累加，即为该河段当日的槽蓄水增量，取最大值即为该河段年最大槽蓄水增量。

根据内蒙古河段主要水文站断面的凌汛期流量、各断面封开河日期，采用上述方法，可统计得出内蒙古河段各子河段历年最大槽蓄水增量，如表 5-1 和图 5-1 所示。由表 5-1 和图 5-1 可见，内蒙古河段槽蓄水增量由于受当年的气温、上游来水及冰清特点等的影响，年年各不相同。内蒙古河段 20 世纪 50 年代以来，最大槽蓄水增量多年均值为 11.49 亿 m^3，最多年度为 2008—2009 年度，达到 20.62 亿 m^3，最少年度为 1996—1997 年度，仅有 4.56 亿 m^3，前者约为后者的 4.5 倍，整个河段年最大槽蓄水增量在波动中呈显著增大趋势。此外，20 世纪 80 年代以来内蒙古各河段最大槽蓄水增量增幅十分明显，但 1996—1997 年度却不大，主要是因为是该年度河道的来水量偏小且均匀。各子河段中，

表 5-1　　　　　　　　　　内蒙古河段年最大槽蓄水增量统计　　　　　　　　　单位：亿 m^3

站　名	平均值	最大值		最小值	
		槽蓄水增量	出现年度	槽蓄水增量	出现年度
石嘴山—头道拐	11.49	20.62	2008—2009 年	4.56	1996—1997 年
石嘴山—巴彦高勒	3.71	7.72	1981—1982 年	0.97	1996—1997 年
巴彦高勒—三湖河口	4.79	11.10	1994—1995 年	0.48	1960—1961 年
三湖河口—头道拐	5.17	11.28	1999—2000 年	0.85	1951—1952 年

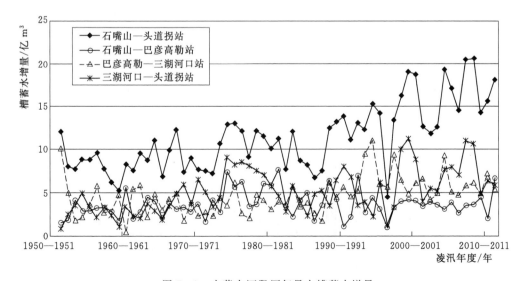

图 5-1　内蒙古河段历年最大槽蓄水增量

石嘴山—巴彦高勒段年最大槽蓄水增量先增大后减小，但在 1989—2010 年仍略大于龙羊峡、刘家峡水库联合调度运用前；巴彦高勒—三湖河口段年最大槽蓄水增量呈现出先略微减小，后逐渐增大的趋势，但整体增减不是特别剧烈；三湖河口—头道拐段年最大槽蓄水增量变化趋势与整个河段变化趋势相似，在波动中呈明显增加趋势。

　　各子河段不同时期平均最大槽蓄水增量见表 5-2。由表 5-2 可见，整个内蒙古河段年最大槽蓄水增量1987—2012 年平均值为 14.27 亿 m³，比 1951—1968 年平均值 8.83 亿 m³增加了约 5.5 亿 m³；具体而言，石嘴山—巴彦高勒河段在这两个时期内平均最大槽蓄水增量相差不大，而巴彦高勒—三湖河口河段和三湖河口—头道拐河段则分别增加了约 2 亿m³ 和 3.4 亿 m³。此外，从刘家峡水库运用前后的最大槽蓄水增量比较来看，石嘴山—巴彦高勒段最大槽蓄水增量平均值相差不大，而巴彦高勒—三湖河口段在刘家峡水库运用后约减少 0.5m³，三湖河口—头道拐河段在刘家峡水库运用后约增加了一倍，增加了1.35m³，而整个内蒙古河段在这两个时期内平均最大槽蓄水增量均变化不大。

表 5-2　　　　　　　　　　不同时期内蒙古河段平均最大槽蓄水增量　　　　　　　　　　单位：亿 m³

时段	石嘴山—头道拐	石嘴山—巴彦高勒	巴彦高勒—三湖河口	三湖河口—头道拐
1951—1968 年	8.83	3.08	4.18	2.87
1969—1986 年	10.00	4.43	3.61	5.75
1987—2012 年	14.27	3.63	6.00	6.27

　　图 5-2 所示为不同时期内蒙古河段最大槽蓄水增量分布情况。由图 5-2 可见，刘家峡水库建成运用前，石嘴山—巴彦高勒河段、巴彦高勒—三湖河口河段及三湖河口—头道拐河段的平均最大槽蓄水增量相差不大，巴彦高勒—三湖河口段略有突出；刘家峡水库运用后，石嘴山—巴彦高勒河段和三湖河口—头道拐河段平均最大槽蓄水增量均有所增加，且三湖河口—头道拐段增加尤为明显，而巴彦高勒—三湖河口段平均最大槽蓄水增量则略有减少且小于其他两个河段值；在龙羊峡水库和刘家峡水库联合调度运用后，巴彦高勒—三湖河口段平均最大槽蓄水增量大幅度增加，与三湖河口—头道拐段相差无几，占了整个

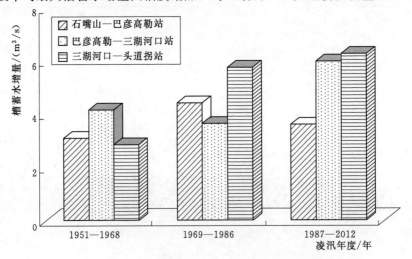

图 5-2　不同时期内蒙古河段最大槽蓄水增量分布图

河道最大槽蓄水增量较大比例，而石嘴山—巴彦高勒段平均最大槽蓄水增量在这一期间略有减少，且仅为其他两个河段的 50% 左右。可见龙羊峡、刘家峡水库的联合调度运用不仅使得河道最大槽蓄水增量发生改变，而且沿程分布比例也出现了明显的调整。

5.1.2 凌汛期流量变化特征

本节从凌峰流量变化和流量月均值变化两个方面来分析宁蒙河段段凌汛期的流量变化特征。

1. 凌峰流量变化特征

凌峰流量是指凌汛期因受上游来水及河段槽蓄水增量急剧释放的影响，导致流量突增所形成的瞬时最大流量。凌峰流量主要是在由南向北流的河道或（渠道）内，受热力因素和动力因素共同作用，分段冰雪融化引起槽蓄水增量释放，或还有河段降水量加入以及上游来水导致的流量急剧增加所形成的瞬时最大流量。凌峰流量的大小主要与开河速度、槽蓄水增量等因素有关。开河速度快，槽蓄水增量释放得快而集中，凌峰流量就越大；槽蓄水增量越多，则开河期释放的越多，凌峰流量也越大。开河速度与水力、热力因素有关。

内蒙古河段各水文站历年凌峰流量变化过程如图 5-3 所示，表 5-3 为各水文站凌峰流量特征值。

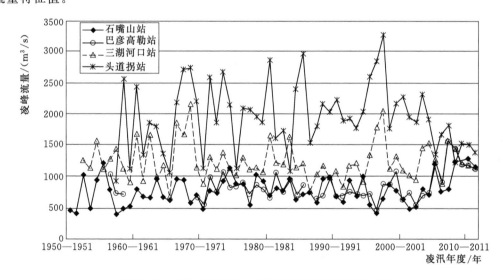

图 5-3 内蒙古河段各水文站历年凌峰流量变化过程

表 5-3　　　　　　　　内蒙古河段各水文站凌峰流量统计　　　　　单位：m^3/s

站　名	凌峰均值	最　大　凌　峰		最　小　凌　峰	
		流量	出现年份	流量	出现年份
石嘴山	806	1310	2011	400	1997
巴彦高勒	859	1580	2008	488	2003
三湖河口	1261	2160	1969	652	2003
头道拐	1961	3270	1998	924	1958

由图5-3和表5-3可见，内蒙古河段各水文站凌峰流量自上游到下游逐渐增大，且均具有一定的波动性，其中三湖河口和头道拐站尤为明显，而石嘴山站和巴彦高勒站时段内变化的波动性则相对较小。石嘴山站凌峰流量多年平均值约为806m³/s，虽然最大凌峰流量1310m³/s（2011年）与最小凌峰流量400m³/s（1958年）相差较大，前者约为后者的3.3倍，但其他年份凌峰流量与均值相比差值不大，凌峰流量变化较为稳定；巴彦高勒站凌峰流量多年平均值约为859m³/s，除2008年出现最大凌峰流量1580m³/s，跳动较大外，其他历年变化均较为平缓，尤其20世纪70—90年代，基本维持在700～900m³/s，与均值接近；三湖河口站多年平均凌峰流量约为1261m³/s，最大凌峰流量为1969年的2160m³/s，最小凌峰流量为1966年的652m³/s，两者相差3倍多；头道拐站凌峰流量波动最为明显，多年平均凌峰流量约为1961m³/s，最大凌峰流量为1998年的3270m³/s，最小凌峰流量为1958年的924m³/s，两者相差3.5倍，波动范围达2350m³/s之多。此外，从时间变化上看，石嘴山站和巴彦高勒站在2005年之后凌峰流量有所增加，三湖河口站凌峰流量没有明显的变化趋势，而头道拐站凌峰流量则呈现下降趋势。

内蒙古河段各水文站历年凌峰流量不同时期统计结果见表5-4所示。由表5-4可见，刘家峡水库运用后，石嘴山、巴彦高勒和三湖河口三站的凌峰流量变化不大，头道拐站凌峰流量则有所增加；龙羊峡水库、刘家峡水库联合调度运用后，石嘴山站和巴彦高勒站凌峰流量略有增加但变化不大，而三湖河口站和头道拐站则稍有减小，尤其头道拐站变化稍大；头道拐站各时期凌峰流量变化幅度更加明显一些。

表5-4　　　　　　不同时期内蒙古河段各水文站凌峰流量统计　　　　　单位：m³/s

时　　段		1951—1968年	1969—1986年	1987—2012年
石嘴山	凌峰均值	785	796	824
	最大凌峰	1220	1140	1310
	最小凌峰	400	503	424
巴彦高勒	凌峰均值	838	831	880
	最大凌峰	1040	1080	1580
	最小凌峰	727	563	488
三湖河口	凌峰均值	1301	1279	1226
	最大凌峰	1870	2160	2060
	最小凌峰	652	891	776
头道拐	凌峰均值	1768	2073	1965
	最大凌峰	2720	2980	3270
	最小凌峰	924	1100	1240

另据水利部黄河水利委员会2006年6月的《黄河凌情资料整编及特点分析》可知，在刘家峡水库运用前，内蒙古河段各水文站历年流量变幅较大，如头道拐站封河流量最小为52.5m³/s，最大为535m³/s，后者为前者的10余倍；水库运用后，由于进行了

防凌调度,使得下泄流量尽量保持平稳。一般封河时流量上游大于下游,封河流量多年均值三湖河口以上河段在 $350m^3/s$ 以上,三湖河口以下河段在 $350m^3/s$ 以下。宁蒙河段开河时一般自上游向下游逐渐开通,槽蓄水增量沿程不断释放并加入,使得开河时下游流量大于上游,如石嘴山开河流量多年均值为 $593m^3/s$,头道拐为 $811m^3/s$。凌峰流量一般也是沿程逐渐增大,尤其是"武开河"河段,槽蓄水增量的急剧释放,往往形成峰高时短的尖瘦凌峰。如 1997—1998 年度封河上游刘家峡水库下泄流量较大,加上宁蒙灌区停灌,致使宁蒙河段槽蓄水增量超过多年均值 29% 左右,开河期由于气温较多年均值偏高约 6℃ 左右,导致快速开河、槽蓄水增量集中释放,凌峰流量沿程增加,尤其三湖河口和头道拐两站凌峰为历年凌峰的第 2 和第 1 位。20 世纪 90 年代后暖冬现象较为明显及水库水量的调控,导致槽蓄水增量释放变得均缓,从而减小了凌峰流量,延长了开河过程。

　　2. 凌汛期流量月均值变化特征

　　内蒙古河段各水文站凌汛期各月流量月均值统计结果,如图 5-4～图 5-7 和表 5-5 所示。由图 5-4～图 5-7 和表 5-5 可见,历年凌汛期各月流量月均值波动性较大。石嘴山站和巴彦高勒站各年度上年 12 月份和翌年 1—3 月流量月均值相差不大,20 世纪 80 年代中期以前 11 月的流量月均值明显大于其他各月;三湖河口站和头道拐站各年度 12 月和次年 1—2 月流量月均值相差不大,次年 3 月流量月均值则一直高于上述各月,且 20 世纪 80 年代中期以前 11 月的流量月均值明显大于其他各月,后逐渐降低。

表 5-5　　　　　　　　内蒙古河段各水文站凌汛期流量月均值统计　　　　　　单位:m^3/s

站　　名		石嘴山	巴彦高勒	三湖河口	头道拐
11 月	平均值	709	659	630	587
	最大值	1370	1260	1270	1370
	最小值	395	364	289	181
12 月	平均值	569	509	444	380
	最大值	894	820	886	807
	最小值	239	217	178	191
1 月	平均值	455	433	454	391
	最大值	781	832	791	730
	最小值	181	192	205	176
2 月	平均值	480	477	499	450
	最大值	733	753	760	770
	最小值	229	201	198	199
3 月	平均值	496	538	655	704
	最大值	686	741	887	1039
	最小值	307	354	391	305

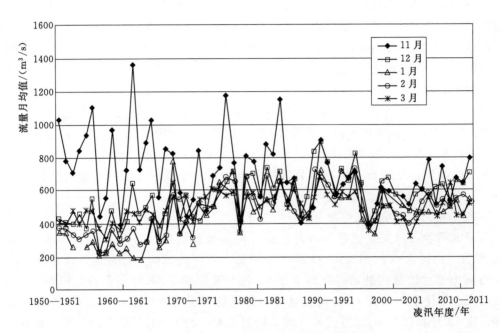

图 5-4　石嘴山站凌汛期各月流量月均值变化过程

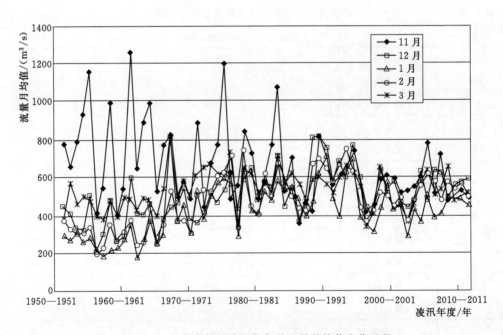

图 5-5　巴彦高勒站凌汛期各月流量月均值变化过程

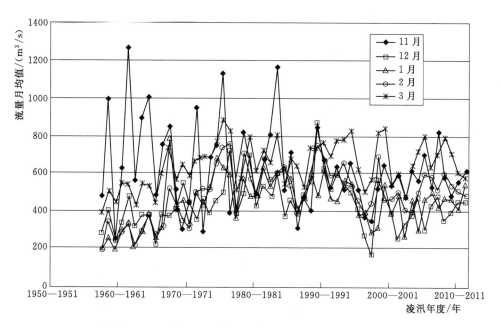

图 5-6 三湖河口站凌汛期各月流量月均值变化过程

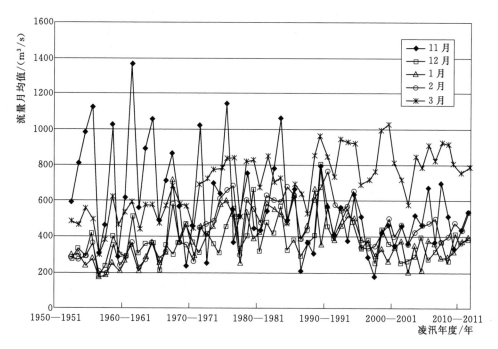

图 5-7 头道拐站凌汛期各月流量月均值变化过程

5.1.3 凌汛期水位变化特征

本节从最高水位变化和水位月均值变化两个方面来分析宁蒙河段段凌汛期的水位变化特征。

1. 凌汛期最高水位变化特征

凌汛期最高水位是指凌汛期因冰塞、冰坝或融冰（雪）洪水形成的最高水位。

图 5-8～图 5-11 所示为内蒙古河段各水文站凌汛期的最高水位历年变化图，表 5-6 所示为内蒙古河段各水文站凌汛期的最高水位特征值。需要说明的是由于本次收集资料有限，故本次研究成果仅是对收集到的资料进行分析而得。

表 5-6　　　　　　　　宁蒙河段各主要水文站凌汛最高水位统计　　　　　　　单位：m

站　名	均值	最　大　值		最　小　值	
		水位	出现年度/年	水位	出现年度/年
石嘴山	1088.74	1090.15	1966—1967	1087.26	1991—1992
巴彦高勒	1052.60	1053.97	1988—1989	1050.92	1957—1958
三湖河口	1020.02	1021.11	2007—2008	1019.00	1981—1982
头道拐	988.79	989.40	2010—2011	988.12	1987—1988

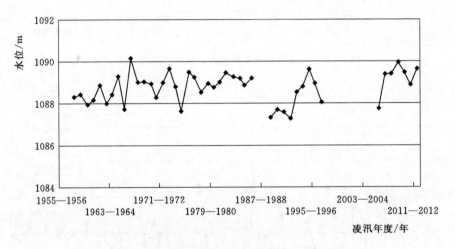

图 5-8　石嘴山站凌汛最高水位历年变化过程

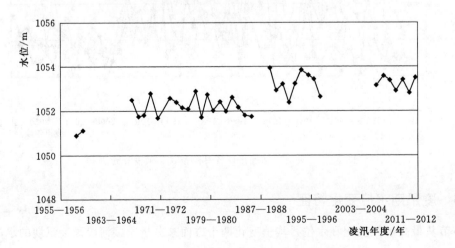

图 5-9　巴彦高勒站凌汛最高水位历年变化过程

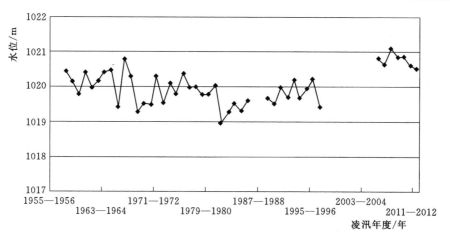

图 5-10　三湖河口站凌汛最高水位历年变化过程

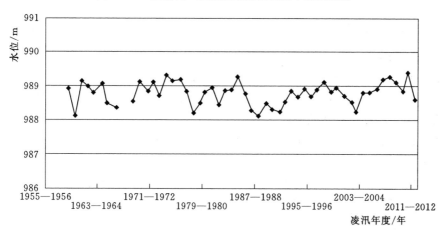

图 5-11　头道拐站凌汛最高水位历年变化过程

由图 5-8～图 5-11 和表 5-6 可见，1951—2012 年期间，各水文站凌汛最高水位均在一定范围内且有所波动，其中，石嘴山站和头道拐站水位波动变化较为明显，但整体上升趋势并不明显；石嘴山站凌汛最高水位均值为 1088.74m，水位最大值为 1090.15m（1966—1967 年度），水位最小值为 1087.26m（1991—1992 年度），相差 2.89m；头道拐站凌汛最高水位均值为 988.79m，水位最大值为 989.40m（2010—2011 年度），水位最小值为 988.12m（1987—1988 年度），相差 1.28m。巴彦高勒站凌汛最高水位呈明显上升趋势，尤其在 1986 年之后，水位均值为 1052.60m，最小值出现在统计前期，为 1957—1958 年度的 1050.92m，最大值则出现在后来的抬升期，为 1988—1989 年度的 1053.97m，两者相差 3.05m。三湖河口站凌汛最高水位整体也呈上升趋势，但在 1981 年后略有降低然后再持续增加；1990 年以后，受河道淤积等影响，过流能力逐渐下降，使得三湖河口站凌汛最高水位呈上升趋势；2000—2012 年凌汛期最高水位全部超过 1020m，三湖河口最高水位的前三位均发生在 2000—2012 年期间，其中 2007—2008 年度凌汛期最高水位达 1021.11m，为历史最高水位。

表 5-7 所示为内蒙古河段各水文站历年凌汛最高水位分时段统计结果。

表 5 - 7　　　　　　　不同时期内蒙古河段各水文站凌汛最高水位统计　　　　　　　单位：m

时　段		1951—1968 年	1969—1986 年	1987—2012 年
石嘴山	平均值	1088.60	1088.95	1088.62
	最大值	1090.15	1089.66	1089.94
	最小值	1087.75	1087.62	1087.26
巴彦高勒	平均值	1051.64	1052.24	1053.28
	最大值	1052.52	1052.89	1053.97
	最小值	1050.92	1051.72	1052.38
三湖河口	平均值	1020.14	1019.74	1020.24
	最大值	1020.77	1020.39	1021.11
	最小值	1019.28	1019.00	1019.45
头道拐	平均值	988.72	988.89	988.75
	最大值	989.14	989.34	989.40
	最小值	988.12	988.25	988.12

由表 5 - 7 可见，巴彦高勒站三个时期凌汛最高水位均值逐渐升高，巴彦高勒站在刘家峡水库运用后，其凌汛最高水位升高 0.60m，龙羊峡水库运行后，凌汛最高水位又进一步升高 1.04m，变化幅度十分明显；刘家水库运行后，三湖河口站凌汛最高水位略有降低，降低了 0.40m 左右，在龙羊峡水库运行之后，则又有所升高，升高了 0.50m 左右；石嘴山站和头道拐站三个阶段的凌汛最高水位均值均呈现先略有升高后再有所降低：石嘴山站汛最高水位均值在刘家峡水库运行后升高了 0.35m 左右，在龙羊峡水库运行后又略有降低，降低了 0.33m 左右；头道拐站凌汛最高水位均值在刘家峡水库运行后升高了 0.17m，在龙羊峡水库运行后又降低了 0.14m 左右，变化幅度相对较小。

2. 凌汛期水位月均值变化特征

内蒙古河段各水文站凌汛期各月水位月均值统计结果，如图 5 - 12～图 5 - 15 和表 5 - 8 所示。由图 5 - 12～图 5 - 15 和表 5 - 8 可见，历年凌汛期各月水位月均值波动性较大，由于凌汛期封河及冰塞冰坝等的影响，基本上各站 1 月、2 月水位均高于其他月份。石嘴山站各月水位月均值先略有降低，后保持相对稳定，各年度 1 月、2 月水位波动性较大；巴彦高勒站和三湖河口站各月水位月均值均呈上升趋势，且三湖河口站升高尤为明显；头道拐站水位基本上保持稳定，3 月水位较高，与该站 1 月、2 月水位相近。

表 5 - 8　　　　　　宁蒙河段各主要水文站凌汛期最高水位月均值统计　　　　　　单位：m^3/s

站　名		石嘴山	巴彦高勒	三湖河口	头道拐
11 月	平均值	1086.74	1050.73	1018.36	986.85
	最大值	1087.53	1051.35	1019.40	987.63
	最小值	1086.29	1048.68	1016.94	985.85
12 月	平均值	1086.90	1051.51	1019.13	987.23
	最大值	1087.52	1053.06	1020.11	988.08
	最小值	1086.54	1050.12	1017.99	986.76

续表

站　　名		石嘴山	巴彦高勒	三湖河口	头道拐
1月	平均值	1087.93	1052.55	1019.67	987.89
	最大值	1088.60	1053.33	1020.64	988.81
	最小值	1086.81	1051.41	1018.62	986.98
2月	平均值	1087.43	1052.44	1019.71	988.20
	最大值	1088.60	1053.00	1020.69	988.96
	最小值	1086.65	1051.04	1018.62	987.44
3月	平均值	1086.70	1051.29	1333.51	988.00
	最大值	1087.44	1052.14	1020.37	988.61
	最小值	1086.19	1050.24	1018.50	987.44

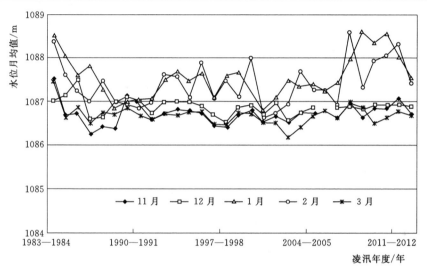

图 5-12　石嘴山站凌汛期各月水位月均值变化过程

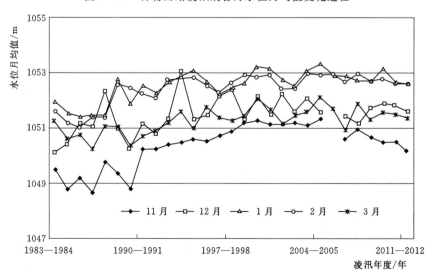

图 5-13　巴彦高勒站凌汛期各月水位月均值变化过程

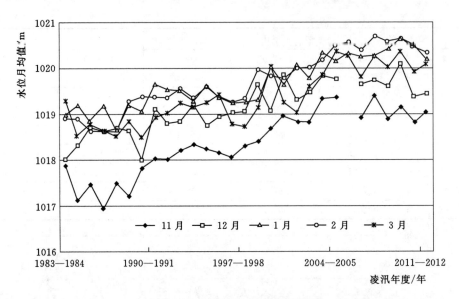

图 5 - 14　三湖河口站凌汛期各月水位月均值变化过程

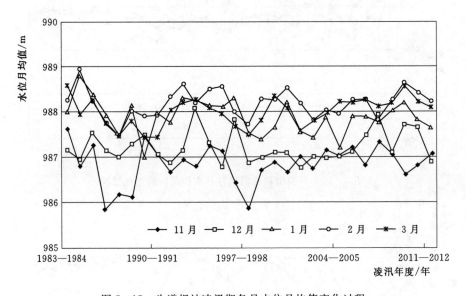

图 5 - 15　头道拐站凌汛期各月水位月均值变化过程

5.2　凌情特征变化与河槽过流能力的相关分析

5.2.1　槽蓄水增量与稳封期径流总量的相关分析

依据水文站和内蒙古河段的凌情资料分别分析了凌情特征日期变化。根据水文站历年实测资料分年段统计的流凌、封河、开河日期见表 5 - 9，由表 5 - 9 可见，石嘴山站平均流凌日期由 1950—1968 年的 11 月 23 日逐步推后至 1987—2010 年的 12 月 6 日，推后了近 15 天；1987—2010 年的平均封河日期为 1 月 12 日，较 1950—1968 年推后了近 20 天；平均开河日期由 1950—1968 年的 3 月 7 日逐步提前至 1987—2010 年的 2 月 20 日，提前了约 15 天。巴彦高勒站凌情特征日期的变化趋势与石嘴山站一致。三湖河口与头道拐站的平均凌情特征日期变化不大、且两站时间相当，流凌、封河和开河分别大致在 11 月 18 日、12 月 12 日和 3 月 20 日前后。

表 5-9 内蒙古河段重要水文站流凌、封河、开河日期分年段平均统计表

凌情特征日期	时 段	石嘴山	巴彦高勒	三湖河口	头道拐
流凌日	1950—1968 年	11 月 23 日	11 月 19 日	11 月 17 日	11 月 18 日
	1969—1986 年	11 月 29 日	11 月 25 日	11 月 16 日	11 月 16 日
	1987—2010 年	12 月 6 日	12 月 2 日	11 月 20 日	11 月 21 日
	1950—2010 年	11 月 30 日	11 月 26 日	11 月 18 日	11 月 18 日
封河日	1950—1968 年	12 月 24 日	12 月 5 日	12 月 1 日	12 月 19 日
	1969—1986 年	1 月 3 日	12 月 10 日	11 月 30 日	12 月 7 日
	1987—2010 年	1 月 12 日	12 月 21 日	12 月 7 日	12 月 12 日
	1950—2010 年	1 月 3 日	12 月 13 日	12 月 3 日	12 月 12 日
开河日	1950—1968 年	3 月 7 日	3 月 16 日	3 月 18 日	3 月 22 日
	1969—1986 年	3 月 6 日	3 月 19 日	3 月 24 日	3 月 24 日
	1987—2010 年	2 月 20 日	3 月 8 日	3 月 18 日	3 月 17 日
	1950—2010 年	2 月 28 日	3 月 14 日	3 月 20 日	3 月 20 日

稳定封河期（稳封期）指封河期扣除封河初期流量下降至恢复，以及开河关键期至开河当天这两个时段以外的时间。根据表 5-9 统计的各站历年平均流凌、封河、开河日期，取内蒙古河段稳封期为 12 月至次年 2 月期间。图 5-16 为不同时期石嘴山站稳封期径流总量与石嘴山—头道拐河段槽蓄水增量的关系图。目前内蒙古河段淤积严重，在相同控泄流量的条件下，与历史情况比较，宁蒙河段的槽蓄水增量大幅度增加，凌汛期水位急剧升高。从不同时期凌汛情况看（图 5-16），随着河道主槽的淤积，内蒙古河段稳封期 12 月

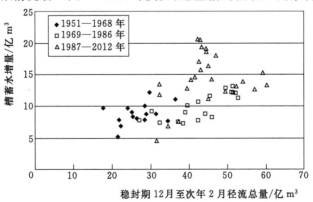

图 5-16 石嘴山站稳封期径流总量与石嘴山—头道拐
河段槽蓄水增量的关系

至次年2月期间下泄流量与内蒙古河段凌汛期最大槽蓄水增量的关系发生明显变化，在石嘴山断面同一来水条件下，河段槽蓄水增量的最大值逐步加大。石嘴山12月至次年2月下泄流量的径流总量为30亿 m³ 时，1969—1986 年统计的内蒙古河段最大槽蓄水增量约为7.5亿 m³ 左右，现状情况下约为13亿 m³ 左右；石嘴山12月至次年2月下泄流量径流总量为40亿 m³ 时，1969—1986 年统计的内蒙古河段最大槽蓄水增量约为9亿 m³ 左右，而现状情况下约为18亿 m³。

5.2.2 封河流量与河槽过流能力的相关分析

三湖河口站断面河道冲淤变化能基本反映巴彦高勒至头道拐河段整体的冲淤变化，也能较好反映凌情变化，故选择河段进口站石嘴山站、出口站头道拐站及中间代表站三湖河口站分析河道过流能力变化与凌情的关系。点绘各站平滩流量与封河流量（以各站封河前3天平均流量作为封河流量）的关系（图5-17～图5-19），可以看出，由于封河流量与上游来水流量关系密切，1968 年以来封河流量主要受到上游刘家峡水库控制下泄流量的影响，故实测的封河流量与平滩流量的关系散点较为凌乱，表明实测封河流量与平滩流量关系并不密切。1986 年前后，各站平滩流量变化较大，1986 年之后内蒙古河段中水河槽明显变小；各站封河流量范围变化不大，基本上保持在250～750m³/s（石嘴山站）、200～

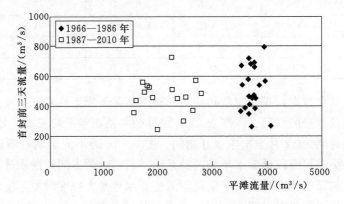

图5-17 石嘴山站封河流量与平滩流量关系

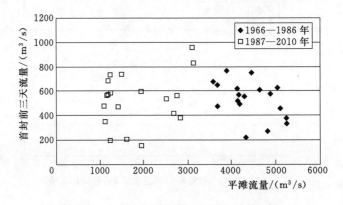

图5-18 三湖河口站封河流量与平滩流量关系

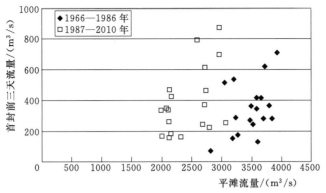

图 5-19　头道拐站封河流量与平滩流量关系

800m³/s（三湖河口站）、150~700m³/s（头道拐站）之间。

1986 年之前由于中水河槽过流能力较大，封河期冰盖多数年份绝大部分时间在主槽内，1968—1986 年间三湖河口站封河期水位大部分时间均在当年平滩水位之下，槽蓄水增量相对较小，封河期水位高于当年平滩水位的仅有 1976—1977 年、1978—1979 年、1980—1981 年的小部分时段，其他时间均低于平滩水位；1986 年以后，由于中水河槽过流能力逐渐减小，封河期冰盖溢出主槽时间开始增多，尤其 2000 年之后，封河期水位高于平滩水位的年平均天数达到 89 天，占封河期总天数的 89％，槽蓄水增量相对较大。这表明虽然实测封河流量与平滩流量没有直接的相关关系，但当中水河槽过流能力较大时，若以控制封河期冰面不上滩或上滩水深较小为目标（有利于防凌安全），控制的封河流量可以适当增大。

5.2.3　稳封期过流能力与河槽过流能力的相关分析

点绘各站不同时期汛期和稳封期的水位流量关系（图 5-20~图 5-28），图中横线表示该站各时期的平滩水位均值。可以看出：石嘴山站 1960—1968 年断面平滩水位以下中

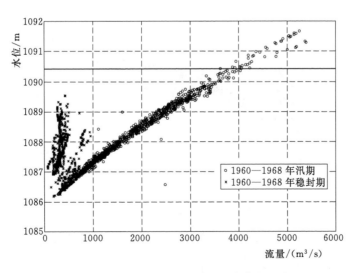

图 5-20　1960—1968 年石嘴山站水位流量关系

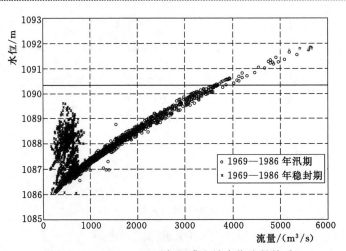

图 5 - 21　1969—1986 年石嘴山站水位流量关系

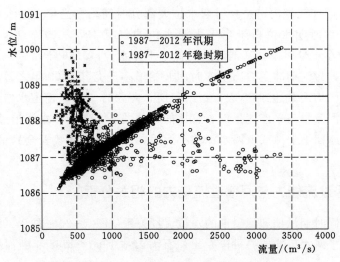

图 5 - 22　1987—2012 年石嘴山站水位流量关系

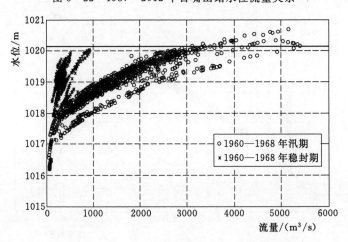

图 5 - 23　1960—1968 年三湖河口站水位流量关系

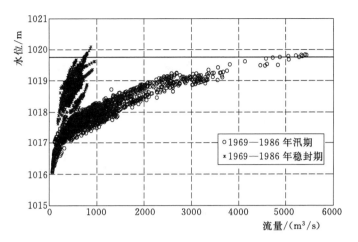

图 5-24   1969—1986 年三湖河口站水位流量关系

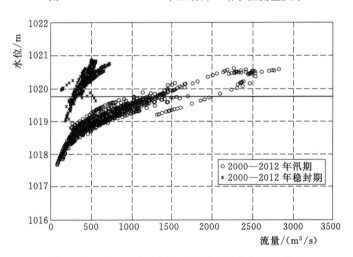

图 5-25   2000—2012 年三湖河口站水位流量关系

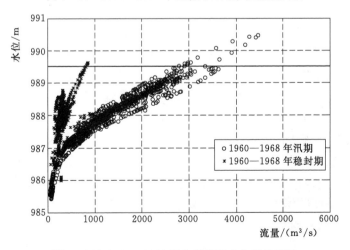

图 5-26   1960—1968 年头道拐站水位流量关系

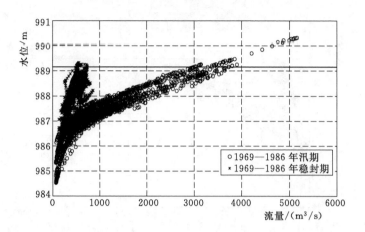

图 5-27　1969—1986 年头道拐站水位流量关系

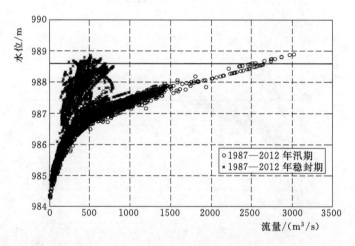

图 5-28　1987—2012 年头道拐站水位流量关系

水河槽过流能力，汛期平均在 4000m³/s 左右，稳封期在 800～1200m³/s 之间，稳封期水位没有超过平滩水位；1969—1986 年平滩水位以下过流能力，汛期平均在 3600m³/s 左右，稳封期在 600～1000m³/s 之间，稳封期水位没有超过平滩水位；1987—2012 年平滩水位以下过流能力汛期平均在 2000m³/s 左右，稳封期仅有 500m³/s 左右，且稳封期较多水位超过平滩水位。三湖河口站 1960—1968 年断面平滩水位以下中水河槽过流能力，汛期平均在 3500～4500m³/s 之间，稳封期在 1000m³/s 左右，稳封期水位没有超过平滩水位；1969—1986 年平滩水位以下过流能力，汛期平均在 4200m³/s 左右，稳封期在 800～1000m³/s 之间，稳封期有少量水位超过平滩水位；三湖河口站因观测断面位置和断面形态的调整和改变，使得该站在 1999 年前后水位流量关系曲线有所不同，此处采用近年来（2000—2012 年）的相关数据进行分析（图 5-25），由图可知，近年来三湖河口站平滩水位以下过流能力汛期平均在 1300m³/s 左右，稳封期仅有 300m³/s 左右，且稳封期较大一部分水位超过平滩水位。头道拐站 1960—1968 年断面平滩水位以下中水河槽过流能力，汛期平均在 3000～3600m³/s 之间，稳封期在 800m³/s 左右，稳封期水位超过平滩水位的极少；1969—1986 年平滩水位以下过流能力，汛期平均在 3300m³/s 左右，稳封期在 600～800m³/s 之间，稳封期有少量水位超过平滩水位；1987—2010 年平滩水位以下过流能力汛期平均在 2600m³/s 左右，稳封期仅有 300～700m³/s，且稳封期较多水位超过平滩水位。各站各阶段随着汛期平滩水位以下流量的减小，其凌汛期相应的流量也随之减小，说明中水河槽过流能力对凌汛期水位影响较大，中水河槽过流能力大，稳封期冰下过流能力也大；近年来由于中水河槽过流能力减小较多，稳封期水位较高，稳封期冰盖升至滩面以上。

5.2.4 槽蓄水增量与河槽过流能力的相关分析

槽蓄水增量的形成过程较为复杂，影响槽蓄水增量大小的因素较多，其中中水河槽过流能力的大小对槽蓄水增量的大小影响较大。点绘内蒙古河段各站平滩流量与最大槽蓄水增量的关系见图 5-29～图 5-31（1968 年之前各站数据不全），可以看出，从整个分析时期看，各站的槽蓄水增量与平滩流量呈现出明显的负相关关系，其中三湖河口站该特点尤为明显。1986 年以前，石嘴山站平滩流量在 3500～4000m³/s 之间，三湖河口站平滩流量在 3500～5200m³/s 之间，头道拐站平滩流量在 3000～4000m³/s 之间，整个内蒙古河段中水河槽过流能力约在 4400m³/s 左右，该时期最大槽蓄水增量一般不超过 14 亿 m³；1986 年以来，内蒙古河段中水河槽过流能力逐渐减小，石嘴山站平滩流量在 1500～3000m³/s 之间，三湖河口站平滩流量在 1000～3200m³/s 之间，头道拐站平滩流量在 2000～3000m³/s 之间，河段中水河槽过流能力约为 2000m³/s 左右，该时期相当大一部分年份的最大槽蓄水增量超过 14 亿 m³，最大超过 20 亿 m³。很明显，中水河槽过流能力越小，出现最大槽蓄水增量超过 14 亿 m³ 的次数越多，中水河槽过流能力大小对槽蓄水增量的增大是有较大影响的。

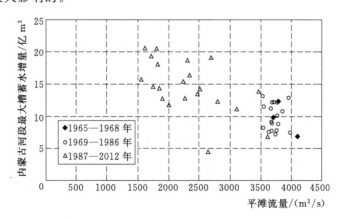

图 5-29 石嘴山站平滩流量与内蒙古河段年
最大槽蓄水增量的关系图

5.2.5 凌峰流量与河槽过流能力的相关分析

图 5-32～图 5-35 为宁蒙河段各水文站点历年凌峰流量和平滩流量对比图。由图可知，各站历年平滩流量变化较大，呈明显降低趋势；与平滩流量相比，各站凌峰流量则变

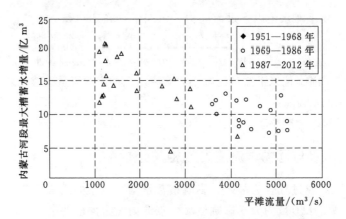

图 5-30　三湖河口站平滩流量与年最大槽蓄水增量的关系图

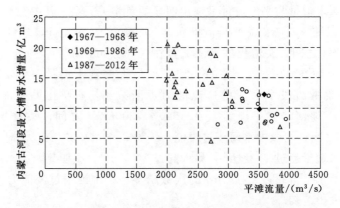

图 5-31　头道拐站平滩流量与年最大槽蓄水增量的关系图

化趋势相对不明显，但具有一定的波动性。截至 2012 年的数据显示，目前石嘴山站历年平滩流量均大于凌峰流量，但在 2005 年之后，随着平滩流量的进一步减小及凌峰流量的逐步增加，两者的差值已经越来越小，尤其 2010 年石嘴山站出现历年最大凌峰流量之一及最小平滩流量，从而使得平滩流量和凌峰流量之差出现最小值，防凌防洪安全出现较大隐患。巴彦高勒站前期数据资料较少，但从 1990 年之后的平滩流量和凌峰流量的变化趋势已经能够看出，随着平滩流量的逐年降低，且 2005 年之后该站凌峰流量呈现上升趋势，已经明显接近甚至超过平滩流量，从而出现防凌防洪险情。三湖河口站平滩流量下降趋势更为明显，而且 1997—1998 年凌峰流量有所突增，使得该站在 1997 年之后凌峰流量就一直接近甚至超过平滩流量，防凌防洪形势比较严峻。头道拐站凌峰流量一直波动性较大，历年凌峰流量极大年值与平滩流量较小年值就较为接近，随着平滩流量的进一步减小，至 1996—1997 年之后该站凌峰流量就接近或者超过平滩流量，防凌防洪形势变得极为严峻；但在 2005 年之后，头道拐站平滩流量相对稳定变化不大，而凌峰流量却有所减小，从而在一定程度上缓解了平滩流量变化对防凌防洪安全的影响。

　　综上所述，从目前的数据系列看，在 20 世纪 90 年代之前，基本上宁蒙河段各站平滩流量还大于凌峰流量，但随着平滩流量的大幅度降低，至 20 世纪 90 年代之后，便出现凌峰流量接近甚至大于平滩流量的现象，从而对防凌防洪造成很大影响。表 5-10 为黄河宁

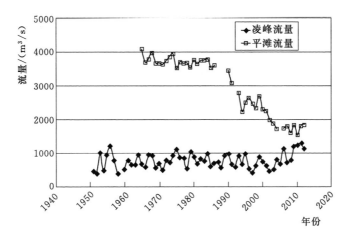

图 5-32　石嘴山站历年凌峰流量和平滩流量对比图

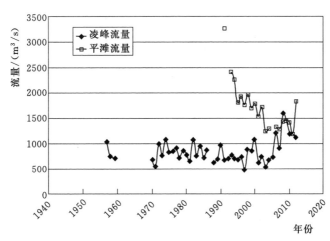

图 5-33　巴彦高勒站历年凌峰流量和平滩流量对比图

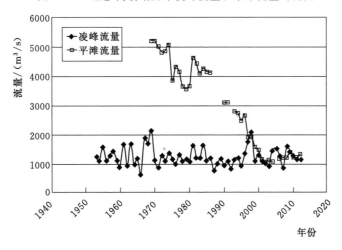

图 5-34　三湖河口站历年凌峰流量和平滩流量对比图

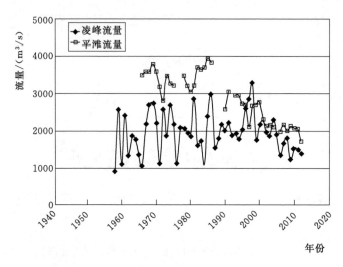

图 5-35　头道拐站历年凌峰流量和平滩流量对比图

蒙河段 1951—2005 年间的凌汛灾害统计情况 (不完全统计), 综合各项指标可知, 20 世纪 90 年代之后, 宁蒙河段的凌汛灾害 (淹没土地、受灾人数、损失粮食、直接经济损失等) 变得逐渐严重起来。

表 5-10　　　　黄河宁蒙河段凌汛灾害统计 (1951—2005 年, 不完全统计)

年份	淹没土地/hm²		淹没村庄/个	受灾人数/人	损失粮食/斤	损失山药/斤	损失柴草/万斤	被冲房间/间	损失牲畜/头	直接经济损失/万元
	耕地	牧场								
1951	760.06		34	2450	30675	41090	12	568	218	
1952	310.69	2		1125	341100		30	297		
1953	37.93			404				73		
1954	374.09	140	19	1735	31448	77010	5.4	513	2015	
1955	1644.08	1125	2	640	240	120		134	3	
1956	119.3			115 户				60	23	
1962	31.79			1283				389		
1963	226		12	802	81300		15.3	280	40	
1967	16.5		1	.	46500					
1974	13				230000		30	333	159	
1975	15						3	20 多		
1979	28									
1980	0.2									
1981	245		14	2194	31		140	1314	137	
1982	18		13	806				876		
1989				1470						

续表

年份	淹没土地/hm²		淹没村庄/个	受灾人数/人	损失粮食/斤	损失山药/斤	损失柴草/万斤	被冲房间/间	损失牲畜/头	直接经济损失/万元
	耕地	牧场								
1991	4667							612		
1992	267			600						
1993	8667			2679	1062t			485 户		696.7
1994	1200			9800				1760		4500
1995	13667		5	1858				258		2047
1996	5200	1400		6000	7640t			3000	3100	7360
1997	6600			1830				202	64	471
1998	4700			11569				1708		3826
1999	32									
2000				2478						1018
2001				516				31		2149
2005	14667									4000

5.2.6 凌峰水位与平滩水位的对比分析

图 5-36～图 5-39 为宁蒙河段各水文站点历年凌峰水位（凌峰流量所对应的水位）和平滩水位对比图。由图可知，与平滩水位相比，各站凌峰水位变化趋势相对不明显，但具有较大的波动性；与凌峰流量和平滩流量相比，凌峰水位和平滩水位具有更加明显的交叉现象。石嘴山站水位对比变化趋势与流量对比相似，目前历年平滩水位均高于凌峰水位，但是平滩水位具有明显的下降趋势，1990 年之后，随着平滩水位的进一步减小及凌峰水位的波动，两者的差值已经越来越小，尤其 2004 年石嘴山站出现近期最大凌峰水位及最小平滩水位之一，从而使得平滩水位和凌峰水位之差出现最小值，防凌防洪安全出现

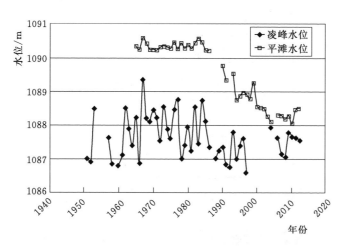

图 5-36 石嘴山站历年凌峰水位和平滩水位对比图

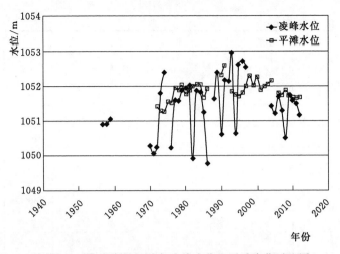

图 5-37　巴彦高勒站历年凌峰水位和平滩水位对比图

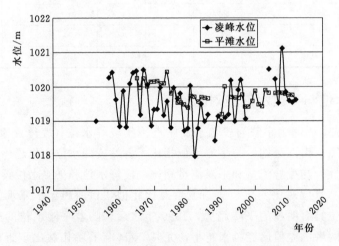

图 5-38　三湖河口站历年凌峰水位和平滩水位对比图

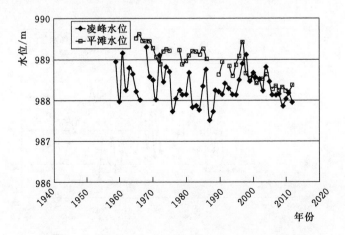

图 5-39　头道拐站历年凌峰水位和平滩水位对比图

较大隐患。巴彦高勒站平滩水位相对稳定，整体呈现先略有升高后又降低的趋势，而凌峰水位则波动十分明显，且从现有数据看，从 1970 年之后处于高值时的凌峰水位就时有超过平滩水位。三湖河口站平滩水位相对稳定，整体呈现先略有降低后又稍有抬升的趋势，凌峰水位与巴彦高勒站相似，均具有较大的波动性，且从现有数据看，处于高值时的凌峰水位就时有超过平滩水位。头道拐站平滩水位具有明显的下降趋势，而凌峰水位一直波动性较大，且在 1990 年之后有一定的上升趋势，随着平滩流量的进一步减小，至 1996—1997 年之后该站凌峰流量就接近或者超过平滩流量，防凌防洪形势变得极为严峻。

第6章　宁蒙河段中水河槽规模需求分析

自龙羊峡水库、刘家峡水库联合调度运用以来，宁蒙河段主河槽持续淤积萎缩、过流能力大幅降低、洪灾凌灾频发，已严重威胁着黄河的健康，对于实现黄河的长治久安和支持流域及相关地区经济的持续发展将产生非常不利的影响。因此，研究宁蒙河段中水河槽规模对宁蒙河段水沙调控、河道治理和防洪防凌具有重要意义。

本章主要研究黄河上游宁蒙河段较为适宜的中水河槽规模。由前几章分析可知，宁蒙河段中水河槽的塑造和维持主要受内蒙古河段的制约，而内蒙古河段的中水河槽又主要受巴彦高勒站和三湖河口站典型断面的制约。因此，本次研究在分析宁蒙河段适宜的中水河槽规模时，将巴彦高勒站和三湖河口站断面作为宁蒙河段的典型断面，其断面河槽规模即为宁蒙河段河槽的规模。而河槽规模主要由河槽的过流能力大小来决定，本文中采用断面平滩流量来表征河槽规模的大小。

6.1　现状条件下的中水河槽规模

通过前述几章的实测资料分析可知，断面平滩流量主要受汛期来水来沙影响较大，尤其以 1986 年龙羊峡、刘家峡水库联合调度以后更加明显。因此，本节主要根据汛期的实测水沙资料来分析典型断面的河槽规模。

在 4.4.4 节中，根据巴彦高勒站和三湖河口站 1986 年以来的实测资料，建立了其断面平滩流量与相应水文站汛期来水量、当年最大日均流量及汛期来沙系数之间的响应关系，式（4-11）所示。利用巴彦高勒站和三湖河口站的汛期来水量、当年最大日均流量和汛期来沙系数可以计算其平均平滩流量。

由于龙羊峡水库、刘家峡水库的联合调度和宁蒙河段沿程引水量的逐年增加，使得宁蒙河段来水量、来沙量和最大日均流量将进一步减小，对宁蒙河段的影响在未来一个相当长的时期里不但不会改善，反而有加剧的趋势。因此，在未来的一段时期内，通过龙羊峡水库和刘家峡水库的联合调节后，进入宁蒙河段的平均来水量和最大日均流量很有可能维持在 20 世纪 90 年代至 21 世纪初（1990—2012 年）的水平或进一步减小，以巴彦高勒和三湖河口站 1990—2012 年的实测数据来估算可知，近二十几年来，两站多年平均汛期来水量约为 63 亿 m^3、汛期来沙系数约为 0.014kg·s/m^6、最大日均流量约为 1536m^3/s，由式（4-11）计算可得，该时期相应的平均平滩流量约为 1737m^3/s，而由统计分析得到的相应平滩流量约为 1771m^3/s，两者较为接近，由此也进一步表明，利用式（4-11）对巴彦高勒站断面和三湖河口站断面的平滩流量进行估算是可行的。因此，在龙羊峡水库、刘家峡水库联合调度下，若按宁蒙河段目前的来水来沙水平，基本可以维持平滩流量为 1800m^3/s 左右的中水河槽，如遇不利的水沙条件，可能塑造的中水河槽规模将更小。

6.2　满足防洪需求的中水河槽规模

根据三湖河口站实测洪水资料可知，1981 年三湖河口最大洪峰流量为 5500m³/s，接近三湖河口站 20 年一遇洪水流量 5630m³/s，其相应的洪水位为 1019.97m；而 2003 年当洪峰流量为 1460m³/s 时，三湖河口站的最高水位达到 1019.99m，比 1981 年还高出 0.02m。因此，从现状的主槽规模来看，较小洪峰流量相应的水位已经接近 20 年一遇洪水相应的水位，防洪形势非常严峻，急需适当增加主槽的过流能力，降低洪水位，以适应一般洪水的行洪需要。

表 6-1 为 1987—2012 年三湖河口站各级流量出现的天数统计，从表 6-1 中三湖河口站洪水条件来看，自龙羊峡水库和刘家峡水库联合调度运用以来，三湖河口站日均流量在 1000m³/s 以下的洪水年均出现天数约占全年的 92.8%，而日均流量在 2000m³/s 以上的洪水年均出现的天数仅为 3.3 天，不到全年 1% 的洪水。由此可见，大洪水和较大洪水出现的几率明显减少，而此种来水来沙水平还将会持续一段时期。因此，为了避免或减少洪水灾害，应确保一般洪水不漫滩，宁蒙河段需要保持 2000m³/s 以上的中水河槽规模，可以较好的保障防洪安全。

表 6-1　　　　　　1987—2012 年三湖河口站各级流量出现的天数统计

流量级/(m³/s)	0~500	500~1000	1000~2000	2000 以上	合计
年均天数/d	183.2	155.5	23.0	3.3	365.0
占年的比例/%	50.2	42.6	6.3	0.9	100.0

注　日均最大流量为 2900m³/s。

6.3　满足防凌需求的中水河槽规模

在 1986 年前，宁蒙河段维持了 3000m³/s 以上的中水河槽过流能力（图 6-1）和较好的河道形态，封河后仍能保持较大的冰下过流能力，凌汛期槽蓄水增量较小，仅在凌汛的开河期有"武开河"现象，造成凌汛灾害。1986 年后，由于中水河槽过流能力急剧下降至 1000m³/s 左右，且河道主槽也由相对窄深的良好形态变化为宽浅散乱的不利形态（图 3-17），封河后冰下过流能力急剧下降，对防凌极为不利，凌汛期河道槽蓄水最大值由过去的 8 亿 m³ 左右激增至 20 亿 m³ 左右，凌汛水位大幅度增加，严重危及防凌安全。

以三湖河口站为代表，根据数据点拟合平滩流量与槽蓄水增量的相关关系，并统计不同时期一定槽蓄水增量所对应的中水河槽过流能力，见表 6-2。1986 年之前，河道中水河槽过流能力基本上维持在 3000m³/s 以上，此时年最大槽蓄水增量不超过 14 亿 m³；1986 年之后，河道中水河槽过流能力大幅度减小，年最大槽蓄水增量也因此而增加，最大可达 20 亿 m³。

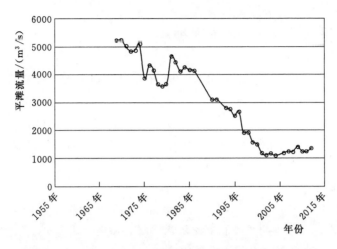

图 6-1　宁蒙河段三湖河口断面平滩流量历年变化过程图

表 6-2　　　　三湖河口站不同时期一定槽蓄水增量所对应的中水河槽过流能力

槽蓄水增量/亿 m³	1986 年前		1986 年后	
	10	12.5	15	20
中水河槽过流能力/(m³/s)	4400	3000	1800	1000

　　总结多年来的防凌运用经验，为了保障防凌安全，应保证河道年最大槽蓄水增量维持较小值，尽量不超过 15 亿 m³（1986 年之前的中水河槽过流能力保证了槽蓄水增量基本上不超过 14 亿 m³）。根据平滩流量与槽蓄水增量的相关关系（表 6-1），并结合宁蒙河段现状条件下的输沙水量能力，从槽蓄水增量角度考虑拟定中水河槽过流能力恢复到 2000m³/s 左右。

　　同时，结合以上平滩流量变化对防凌防洪安全的影响分析，选定 1990—2012 年相应数据研究从保障防凌安全角度提出对中水河槽规模的需求。表 6-3 为统计 1990—2012 年期间宁蒙河段各水文站点凌峰流量特征值，表 6-4 为根据 1990—2012 年期间宁蒙河段各水文站点凌峰水位并结合各年 6—9 月相应站点水位流量关系曲线得出的河槽规模需求特征值。

表 6-3　　　　　　　1990—2012 年各站凌峰流量特征值　　　　　　　单位：m³/s

站　名	石嘴山站	巴彦高勒站	三湖河口站	头道拐站
平均值	831	898	1256	1979
最大值	1310	1580	2060	3270
最小值	424	488	841	1240

表 6-4　　　　　1990—2012 年各站凌峰水位需求河槽规模特征值　　　　单位：m³/s

站　名	石嘴山站	巴彦高勒站	三湖河口站	头道拐站
平均值	1000	1934	2058	2015
最大值	1522	4892	3832	2823
最小值	428	342	1082	1356

综合表 6-3 和表 6-4 统计数据可知，研究时段内基本上越向下游各站点相应的特征值越大，为保证整个河段的防凌防洪安全，选定头道拐站相应平均值作为防凌指标依据：按照凌峰流量的标准，1990—2012 年期间头道拐站凌峰流量平均值约为 1979m³/s；按照凌峰水位反演汛期水位流量关系曲线，可得 1990—2012 年期间头道拐站凌峰水位需求河槽规模约为 2015m³/s。综上分析，从凌峰流量和凌峰水位两个角度综合考虑，建议宁蒙河段（主要为内蒙古河段）保持 2000m³/s 以上的中水河槽规模，可以较好的保障防凌安全。

6.4 满足高效输沙需求的中水河槽规模

一般来说，主槽的过流能力越大，越有利于防洪和防凌安全，出现洪灾和凌灾的几率也越小。由前文分析可知，河道流量和输沙率的关系在一定程度上可以反映出该河道输沙能力的变化情况。仍以内蒙古河段三湖河口站为宁蒙河段代表性断面，图 6-2 为三湖河口站 1987 年以来汛期输沙率与汛期流量的相关关系。

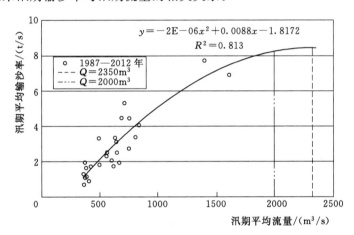

图 6-2 三湖河口站 1987 年以来汛期输沙率与汛期流量的相关关系

由图 6-2 可以看出，三湖河口站汛期输沙率与汛期流量存在较好的相关关系。汛期输沙率随着汛期流量的增加而明显增大，但随着汛期平均流量进一步增加，其相应的输沙率增加的幅度有逐渐减小的趋势，当汛期平均流量增加到 2000～2350m³/s 时，汛期输沙率基本不再增加，这在某种程度上说明，此时水流挟沙能力基本达到最大，根据高效输沙塑槽的要求，可认为当流量达到 2000～2350m³/s 左右时，其输沙能力最大，可以充分发挥出水流高效输沙的作用。

综合上述分析结果可知，满足防洪防凌要求和高效输沙塑槽需要的宁蒙河段中水河槽过流能力要达到 2000～2350m³/s 以上，即合理主槽过流能力为 2350m³/s 左右。当宁蒙河段平滩流量恢复到 2350m³/s 左右时，可以使宁蒙河段一般年份洪水不漫滩，同时，当主槽流量达到 2000m³/s 左右时，河段的输沙能力可以达到最大值，可以充分发挥水流高效输沙的作用。

第7章 结 语

本书利用黄河上游宁蒙河段自20世纪50年代以来的实测资料，总结了宁蒙河段河道概况及主要存在的问题，并对宁蒙河段水沙变化过程、宁蒙河段河道冲淤演变与河道萎缩特征、宁蒙河段河道断面形态与水沙变化的响应、宁蒙河段河道领情特征及变化分析、宁蒙河段中水河槽规模需求等几个方面进行了深入分析，获得以下主要结论和认识。

（1）随着自然气候变化和人类活动日益加剧，特别是近二十多年来，黄河上游大型水利枢纽运用时间的延长和调控力度的加大，以及天然径流条件的变化，致使宁蒙河段暴露出来的问题日趋严重，主要表现为：①来水来沙条件发生较大变化，河道淤积严重、主河槽萎缩；②汛期洪水灾害加重；③内蒙古河段防凌形势严峻；④十大孔兑泥沙淤堵黄河干流严重；⑤现有河道整治工程无法满足宁蒙河段的防洪防凌要求。

（2）通过对宁蒙河段干流来水来沙过程变化及区间来水来沙变化的分析，得到宁蒙河段来水来沙变化特点有：①宁蒙河段来水来沙具有水沙异源的特性，包括上游来水来沙的异源和本地水沙的异源。上游来水主要来自贵德以上，多年平均水量占下河沿站的65.4%，沙量仅占下河沿站的9.9%；而来沙集中在上诠至下河沿区间，多年平均水量占下河沿站的13.2%，来沙量占59.1%。本地水沙异源主要是宁蒙河段支流、十大孔兑、风积沙等区间来沙多、来水少，以及引水多、引沙少造成的；②随着自然气候变化和上游大型水利工程的运用，宁蒙河段来水来沙过程发生了显著变异，来水量和来沙量明显减小，较大洪水出现几率大幅降低，下河沿站日均流量大于2000 m^3/s出现的天数由1951—1968年期间的年平均67.71天减少到1987—2012年期间的年平均3.84天；③宁蒙河段年均引黄水量和沙量分别约占下河沿站年均来沙量的38.49%和31.4%，其中汛期的引黄水量和引黄沙量分别约占全年引水引沙量的53.26%和81.58%，引沙量集中在汛期；④宁蒙河段支流来水来沙以汛期为主，表现为水少沙多；⑤十大孔兑入黄沙量主要是通过暴雨洪水进行输送的，且入黄年际间变化很大，最大年际间变幅可达400多倍，其高含沙洪水峰高量小，极易淤堵黄河；⑥风沙入黄的形式主要有风沙流和河岸坍塌两种，主要集中在春季，尤其是4月和5月。

（3）通过对宁蒙河段冲淤量分析，得到宁蒙河段河道冲淤演变特点主要表现为：①1953—2012年宁蒙河段总体上呈淤积状态，年均淤积量约为0.498亿t，其中，宁夏河段冲淤基本平衡，年均冲刷量为0.001亿t，内蒙古河段淤积严重，年均淤积量为0.499亿t；②从各时段的冲淤量来看，1953—1961年期间基本为天然情况，由于干流来沙较多，宁蒙河段淤积严重，宁夏河段和内蒙古河段分别占该时期宁蒙河段总淤积量的19.5%和80.5%；1962—1968年期间，由于盐锅峡水库、三盛公水库及青铜峡水库相继投入运用，使得宁蒙河段河道在该时期发生冲刷，其中宁夏河段发生较大冲刷，而内蒙古河段呈现微淤状态；1969—1986年期间，刘家峡水库投入运用以后，宁蒙河段由冲刷转为淤积, 宁夏河段和内蒙古河段分别占宁蒙河段总淤积量的 25.2% 和 74.8%; 1987—2012 年期间, 龙羊峡水库和刘家峡水库的联合调度运用, 加剧了宁蒙河段淤积, 宁夏河段和内蒙古河段分别占该时期宁蒙河段年均淤积量的 5.9% 和 94.1%; 由此表明, 宁夏河段和内蒙古河段相比较而言, 宁夏河段冲多淤少, 即宁蒙河段的淤积主要集中在内蒙古河段; ③从内蒙古河段的不同河段来看, 1953—2012 年期间, 石嘴山—巴彦高勒、巴彦高勒—三湖河口和三湖河口—头道拐三个河段年均淤积量分别占整个内蒙古河段 (石嘴山—头道拐) 淤积量的 7.65%、22.64% 和 69.71%, 由此表明, 内蒙古河段的淤积主要集中在巴彦高勒—头道拐河段, 且越靠近下游其淤积强度就越大, 主要是受河道形态、区间引水和支流及孔兑来沙的影响所致。

（4）宁蒙河段河道萎缩的特征主要表现为: ①纵剖面深泓点高程不断抬高。宁夏河段各水文站断面的深泓点高程有升有降, 但总体变幅不大; 内蒙古河段各水文站断面的深泓点高程变化较大, 呈现抬升趋势。②主河槽过流面积减小。宁夏河段各水文站断面的过流面积 2012 年比 1986 年减少了 16%~42%, 内蒙古河段减少了 36%~48%。③宁夏河段各水文站断面的宽深比变化范围和幅度相对较小, 主河槽区域稳定; 内蒙古河段各水文站断面的宽深比变化范围和幅度较大, 其主河槽明显有向宽浅发展的趋势。④同流量水位抬升。宁夏河段各水文站断面 1000m^3/s 流量下的水位变化幅度较小; 内蒙古河段各水文站断面 1000m^3/s 流量下的水位均出现不同程度的抬升。

（5）宁蒙河段河道萎缩的主要因素是水沙条件的显著变异。受自然气候变化、龙刘水库联合调度运用和宁蒙河段沿程引水量增加等因素的影响, 1986 年以来进入宁蒙河段的年平均来水量大幅减少, 石嘴山站 1987—2012 年期间年均来水量为 227.59 亿 m^3, 较 1951—1968 年期间减少了 29.8%; 来水来沙年内分配发生变异, 汛期来水量大幅减少, 石嘴山站汛期水量和非汛期水量的比例由 1951—1968 年期间的 62.4∶37.6 进一步调整为 1987—2012 年期间的 44.4∶55.6; 相应流量被大幅消减, 而来沙量减少相对较少, 宁蒙河段来水来沙过程的显著变异, 致使河道主河槽严重淤积萎缩。同时, 不利的河道形态、迅速增长的工农业用水、支流及孔兑来沙也加速了宁蒙河段主河槽的淤积萎缩。

（6）通过对宁蒙河段河道输沙能力的分析可知, 宁蒙河段输沙能力随流量和上站含沙量的增加而增大, 内蒙古河段的增大趋势较宁夏河段更加明显; 不同时期的输沙率随流量的变化不同, 同流量下, 宁蒙河段 1968 年以前的河道输沙能力要大于 1968 年以后的, 并随刘家峡水库和龙羊峡水库的运用而呈现逐渐衰减的趋势; 同一时期, 各水文站输沙能力自上游向下游有逐渐减小的趋势。

（7）由宁蒙河段排沙比与汛期来水来沙条件的响应关系分析可知, 宁蒙河段汛期排沙比随汛期平均流量的增加而增大, 随汛期来沙系数的增大而减小。并对其响应关系进一步分析得出了宁蒙河段不淤积时的临界水沙边界条件, 即: 当下河沿站汛期流量为 2300m^3/s、汛期来沙系数为 0.0037kg·s/m^6 时, 宁夏河段基本达到冲淤平衡; 当石嘴山站汛期流量为 2300m^3/s, 汛期来沙系数为 0.0027kg·s/m^6 时, 内蒙古河段基本达到冲淤平衡。

（8）由宁蒙河段断面形态与来水来沙响应关系分析可知: ①宁蒙河段各典型断面平滩面积随年水量的增加呈增加趋势, 但各断面增加的程度有所不同。其中, 1986 年以前增加的幅度较小, 1986 年以后, 宁夏河段增加幅度较小, 而内蒙古河段增加幅度较大, 当年水量由 200 亿 m³ 增加到 300 亿 m³ 时，宁夏河段和内蒙古河段各典型断面平滩面积分别增加了 48~139m² 和 171~509m²。②宁蒙河段断面宽深比随年均来沙系数的增加呈增大趋势。其中宁夏河段增大的趋势不明显，即断面形态变化相对较小，趋于稳定；内蒙古河段 1986 年以前断面宽深比随年来沙系数的增加而增大较小，1986 年以后随年来沙系数增加而增大的趋势较明显；即断面形态随年来沙系数的增加而变得越来越宽浅，断面有向宽浅发展的趋势。

（9）通过对宁蒙河段平滩流量和造床流量的计算和分析，结果表明：①宁蒙河段平滩流量和造床流量均随时间呈减小的趋势，特别是 1986 年龙羊峡水库运用后减小更为明显，内蒙古河段平滩流量减小幅度大于宁夏河段；②宁蒙河段平滩流量和造床流量均随年和汛期来水量增加而增大。实测资料分析表明，当年来水量为 200 亿 m³ 或汛期来水量为 80 亿 m³ 时，宁夏河段和内蒙古河段的平滩流量分别约为 3200m³/s 和 2800m³/s 左右，相应的造床流量分别约为 1500m³/s 和 1800m³/s 左右；当年来水量为 300 亿 m³ 时或汛期来水量为 170 亿 m³ 时，宁夏河段和内蒙古河段的平滩流量分别约为 3900m³/s 和 3600m³/s 左右，相应的造床流量分别约为 2800m³/s 和 3000m³/s 左右；③宁蒙河段造床流量总体上小于河道当时的平滩流量，表明水流维持主河槽的能力小于主河槽当时的过流能力，这就是宁蒙河段处于淤积状态的原因，也说明宁蒙河段主河槽近年来萎缩严重主要是河道演变和来水来沙响应的必然结果。

（10）通过对宁蒙河段河道凌情特征及变化分析可知：①宁蒙河段自下而上封河，自上而下开河，近期流凌、封河时间推迟，开河提前，封河期缩短；②年最大槽蓄水增量呈显著增大趋势，由 1968 年以前的 8.83 亿 m³，增加到刘家峡水库运用后（1969—1986年）的 10.00 亿 m³，进而增加到龙羊峡、刘家峡水库联合调度运用后（1987—2012 年）的 14.27 亿 m³；③宁蒙河段凌峰流量自上游向下游逐渐增大，且均具有一定的波动性，其中三湖河口和头道拐站波动最为明显，头道拐站最大凌峰流量为 1998 年的 3270m³/s，约为最小凌峰流量 924m³/s（1958 年）的 3.5 倍；④自龙羊峡、刘家峡水库联合调度运用以来，由于河道发生严重萎缩、过流能力明显降低，使得宁蒙河段封、开河最高水位均有所抬升，尤以巴彦高勒和三湖河口站凌汛期最高水位上升明显，增大了每年封河期间形成冰塞和开河期间形成冰坝壅水造成灾害的几率。

（11）通过对宁蒙河段适宜的中水河槽规模分析可知：①在龙羊峡水库、刘家峡水库联合调度下，若按宁蒙河段目前的来水来沙水平，基本可以维持平滩流量为 1800m³/s 左右的中水河槽，如遇不利的水沙条件，可能塑造的中水河槽规模将更小；②从现状的主槽规模来看，较小洪峰流量相应的水位已经接近 20 年一遇洪水相应的水位，防洪形势非常严峻，急需适当增加主槽的过流能力，降低洪水位，以适应一般洪水的行洪需要，而由于宁蒙河段自龙羊峡、刘家峡水库联合调度运用后，大幅消减了上游来水的最大洪峰流量，仅从三湖河口站（宁蒙河段河道过流能力的典型代表断面）洪水条件来看，日均流量在 2000m³/s 以上的洪水年均出现的天数仅为 3.3 天，不到全年 1% 的洪水，而此种来水来沙水平还将会持续一段时期。因此，为了避免或减少洪水灾害，应确保大洪水和较大洪水不漫滩，宁蒙河段需要保持 2000m³/s 以上的中水河槽规模，可以较好的保障防洪安全；③总结多年来的防凌运用经验，为了保障防凌安全，应保证河道年最大槽蓄水增量维持较小值，尽量不超过 15 亿 m^3。根据平滩流量与槽蓄水增量的相关关系，并结合宁蒙河段现状条件下的输沙水量能力，认为宁蒙河段适宜的中水河槽过流能力在 2000m^3/s 左右；④从宁蒙河段典型代表断面三湖河口站的汛期输沙率与汛期流量的关系来看，汛期输沙率随着汛期流量的增加而增大明显，但当汛期流量增加到 2000～2350m^3/s 左右时，其汛期输沙率基本不再增加，这在某种程度上说明，此时水流挟沙能力基本达到最大，可以充分发挥出水流高效输沙的作用。因此，根据高效输沙塑槽的要求，认为宁蒙河段适宜的中水河槽过流能力在 2350m^3/s 左右；⑤综合上述分析成果，从满足防洪安全、防凌安全和高效输沙塑槽的需求来看，现阶段宁蒙河段较为适宜的中水河槽过流能力应在 2000～2350m^3/s 左右，既可以确保宁蒙河段一般年份的洪水不漫滩，又可以减少形成冰塞和冰坝壅水而造成灾害的几率，同时还可以充分发挥水流高效输沙的作用。

参 考 文 献

[1] 钱意颖，叶青超，曾庆华. 黄河干流水沙变化与河床演变 [M]. 北京：中国建材工业出版社，1993.

[2] 梁志勇，刘继祥，张厚军，等. 黄河洪水输沙与冲淤阈值研究 [M]. 郑州：黄河水利出版社，2004.

[3] 胡春宏，陈建国，郭庆超，等. 黄河水沙调控与下游河道中水河槽塑造 [M]. 北京：科学出版社，2007.

[4] 齐璞，等. 黄河水沙变化与下游河道减淤措施 [M]. 郑州：黄河水利出版社，1997.

[5] 董占地，胡海华，吉祖稳，等. 黄河上游宁蒙河段河道横断面形态对水沙变化的响应 [J]. 泥沙研究，2015 (4).

[6] 董占地，吉祖稳，王党伟，等. 黄河上游宁蒙河段平滩流量变化过程研究 [J]. 浙江水利科技，2014 (9).

[7] 赵华侠，等. 黄河下游洪水期输沙用水量与河道泥沙冲淤分析 [J]. 泥沙研究，1997 (3)：57 - 61.

[8] 费祥俊. 高含沙水流长距离输沙机理与应用 [J]. 泥沙研究，1998 (3)：55 - 61.

[9] 高季章，王浩，等. 黄河治理开发与南水北调工程 [J]. 中国水利水电科学研究院学报，1999 (1)：27 - 34.

[10] 黄金池，刘树坤. 黄河下游输沙用水量的研究 [J]. 中国水利水电科学研究院学报，2000 (1)：43 - 49.

[11] 尹国康. 黄河下游排沙特性及其对径流需求量的分析 [J]. 泥沙研究，2001 (3)：50 - 56.

[12] 许炯心. 黄河下游排沙比研究. 泥沙研究 [J]. 1997 (1)：49 - 54.

[13] 石伟，王光谦. 黄河下游输沙水量研究综述 [J]. 水科学进展，2003，14 (1)：118 - 123.

[14] 韩其为，何明民. 泥沙交换的统计规律 [J]. 水利学报，1981 (1).

[15] 韩其为，何明民. 泥沙运动统计理论 [M]. 北京：科学出版社，1984.

[16] 李超群，刘红珍. 黄河内蒙古河段凌情特征及变化研究 [J]. 人民黄河，2015，37 (3)：36 - 39.

[17] 姚惠明，秦福兴，沈国昌，等. 黄河宁蒙河段凌情特性研究 [J]. 水科学进展，2007，18 (6)：893 - 899.

[18] 可素绢，王敏，饶素秋，等. 黄河冰凌研究 [M]. 郑州：黄河水利出版社，2002：69 - 80.

[19] 张丙夺，张兴红，尚冠华. 2010—2011 年度黄河凌情特点与防凌措施 [J]. 人民黄河，2011，33 (12)：6 - 8.

[20] 冯国华，朝伦巴根，闫新光. 黄河内蒙古段冰凌形成机理及凌汛成因分析研究 [J]. 2008，28 (3)：74 - 76.

[21] 贺顺德，王玉峰，段高云. 黄河内蒙古河段防凌防洪需求初步研究 [J]. 水文，2009，29 (4)：40 - 43.

[22] 龙虎，杜宇，邬虹霞，等. 黄河宁蒙河段河道淤积萎缩及其对凌汛的影响 [J]. 2007，29 (3)：25 - 26.

[23] 雷鸣，鲁骏，高治定. 龙羊峡、刘家峡水库防凌优化调度研究 [J]. 人民黄河，2014，36 (11)：33 - 38.

[24] 李军，谢永勇，杨发扬，等. 黄河内蒙古河段冰期水文要素的历年变化及影响因素 [J]. 内蒙古

水利，2012 (5)：17 - 19.

[25] 周丽艳，崔振华，罗秋实. 黄河宁蒙河段水沙变化及冲淤特性 [J]. 人民黄河，2012，34 (1)：25 - 26.

[26] 马健军. 浅析黄河巴盟段凌汛期河道槽蓄水量变化规律 [J]. 内蒙古水利，2001 (4)：49 - 50.

[27] 牛运光. 凌汛危害及其防护措施 [J]. 人民黄河，1997 (2)：9 - 13.

[28] 赵锦，何立军，慧萍，杨军. 黄河宁蒙河段凌汛灾害特点及防御措施 [J]. 水利科技与经济，2008，14 (11)：933 - 935.